U0176947

人类活动影响下天津市水文计算与水文预报关键技术研究与应用

天津市水文水资源管理中心　著

天津大学出版社
TIANJIN UNIVERSITY PRESS

图书在版编目（CIP）数据

人类活动影响下天津市水文计算与水文预报关键技术研究与应用 / 天津市水文水资源管理中心著. —天津：天津大学出版社，2020.12

ISBN 978-7-5618-6865-2

Ⅰ.①人… Ⅱ.①天… Ⅲ.①水文计算－研究－天津 ②水文预报－研究－天津 Ⅳ.①P33

中国版本图书馆CIP数据核字（2021）第000954号

出版发行	天津大学出版社
地　　址	天津市卫津路92号天津大学内（邮编：300072）
电　　话	发行部：022-27403647
网　　址	www.tjupress.com.cn
印　　刷	北京盛通商印快线网络科技有限公司
经　　销	全国各地新华书店
开　　本	185 mm×260 mm
印　　张	15.25
字　　数	380千
版　　次	2020年12月第1版
印　　次	2020年12月第1次
定　　价	59.00元

目　　录

第1章 绪 论

1.1 问题的提出

水孕育了人类,是人类生存的基本要素。人类生存过程中始终没有停止对自然的依赖和影响,其中也包括对水的影响,而真正影响到水的循环过程,不过是近几十年的事。人类因自身的生存和发展,需水量递增,自然取水难以为继,因此千方百计改造天然水原本的时程变化和流动路径,以适应人类用水在时间和地点上的要求;同时,为减少洪水带来的灾害损失,不断实施工程和非工程措施,控制并减少洪水泛滥的影响范围,导致人类活动对天然水资源的干扰越来越大。

根据海河流域的资料分析可知,人类活动对自然流域的影响可以概括为三个阶段:第一阶段为基本无人类活动影响的原始天然阶段;第二阶段为以工程影响为主的阶段,对流域产汇流带来显著影响,人类构筑水库,开凿运河、渠道、河网,以及水资源大量开发利用等,使水的分布发生变化,一般情况越到下游水量减少越剧烈,有时还会出现河干、断流等状况,如天津市年入海水量在 20 世纪 50 年代平均近 $200 \times 10^8 \, m^3$,到现在还不足 $20 \times 10^8 \, m^3$;第三阶段为以下垫面影响为主的阶段,人类大量修筑工厂、交通设施、住宅等,改变了下垫面的透水能力,植树造林、农田灌溉以及地下水开采等改变了土壤持水能力,这些都在改变产汇流条件,随着人类社会经济建设的加快,这一影响越来越大,在某种程度上已超越了工程的影响。人类的活动对水文循环造成的影响也给水文预报、水文计算等方面带来非常大的困扰,主要体现在以下几方面。

1)人类活动改变了水的时间和空间分布

人类活动改变了水的时间和空间分布,仅以海河流域为例,自 1963 年发生大洪水后,经过几十年的"根治海河",上游兴建了多座大型水库,中游设置了大量的行、蓄、滞洪区,下游开辟了多条入海通道,形成了"上拦、中滞、下排、导洪入海"的防洪体系,人为改变了地表水体的分布。严重超采地下水,在华北平原区形成了一个巨大"地下水漏斗",地表、潜层和深层地下水的转换平衡被打破,土壤包气带持水能力增加,改变了地表水层的纵向分布。水资源的无序开发利用,严重改变了海河流域的水循环格局,致使入海水量锐减,流域蒸发增加,进而影响到流域的"小气候"。

2)人类活动改变了产汇流条件

人类活动改变了流域下垫面状态和产汇流条件。水利工程的兴建和城市化的过程加大了人类社会与周围环境间的相互作用。天然植被和大片耕地被街道、工厂和住宅等建筑物所代替,下垫面的滞水性、渗透性、热力状况均发生明显的变化,集水区内天然调蓄能力减弱,这些都促使市区及近郊的水文要素和水文过程发生相应的变化。地表不透水面积比重很大,地下布满排水管道的市区,截留、填洼、下渗的损失水量很少,水流在地表及下水道中汇流历时和滞后时间大大缩短,径流系数和集流速度增大,使城市及其下游的洪水过程线变高、变尖、变瘦,洪峰出现时刻提前,城市地表径流量大为增加。同时,由于对地下水的持续开采导致地下水位降低,包气带厚度加大,土壤持水能力增加;农村小水利工程的修建,改变了流域的产流条件,整个流域的产水过程发生较大的变化;水库、河道等水利工程的兴建,也改变了流域的汇流条件,使得流域产汇流变得更加复杂。

3)人类活动使得暴雨时空变化出现了新的特点

城市气候是在同一区域气候背景下,由于受到城市特殊下垫面和人类活动的影响,在城市地区形成了不同于当地区域气候的局部气候,城市内大量人工构筑物,如铺装地面、各种建筑墙面等,改变了下垫面的热属性。城市地表含水量少,热量更多地以显热形式进入空气中,导致空气升温。同时,城市地表对太阳光的吸收率较自然地表高,能吸收更多的太阳辐射,进而使空气得到更多的热量,温度升高,也就是通常所说的城市热岛效应。

由于热岛中心区域近地面气温高,大气做上升运动,与周围地区形成气压差异,周围地区近地面大气向中心区辐合,从而在城市中心区域形成一个低压旋涡,使得降水天气系统经过城市上空时移动速度减慢,雨时延长,城市的对流性降雨增多。城市热岛效应影响云的形成和运动,对局地降雨及降雨机制产生影响,使城市地区的降水量明显大于周围农村地区。一般认为,城市热岛效应可以增加城市的降雨,增加的区域集中在市中心及其下风向范围,但城市热岛效应只是增加了降雨量而不会引起降雨,即不会提高降雨次数,只是刺激降雨量。城市的热岛效应、凝结核效应、高层建筑障碍效应等的增强,使城市的年降水量增加5%以上,汛期暴雨量增加10%以上。因此,有必要对城市降雨进行重新认识。

天津市地处海河流域下游,经济发展迅速,人类活动影响明显,水文计算和水文预报出现了新的问题和挑战。

1.1.1   海河流域概况及面临的问题

海河流域下垫面的变化明显地表现在:①自1963年发生大洪水后,经过几十年的"根治海河",上游兴建了多座大型水库,中游设置了大量的行、蓄、滞洪区,下游开辟了多条入海通道,形成了"上拦、中滞、下排、导洪入海"的防洪体系,人为改变了洪水路径;②严重超采地下水,在华北平原区形成了一个巨大的"地下水漏斗",地表、潜层和深层地下水的转换平衡被打破;③水资源无序开发利用,严重改变了海河流域的水循环格局,致使入海水量锐减,流域蒸发增加,进而影响到流域的"小气候"。自20世纪80年代以来,海河流域发生暴雨洪水的场次非常少,汛期只有少数行洪河道过水,许多一级行洪河道常年干枯,造成河道径流量锐减。相关分析表明,海河流域下垫面的变化是导致流域近三十年来干旱少雨的主要原因之一。

1.1.2   现有山区洪水预报方案难以适应新情况

于桥水库位于海河流域蓟运河系的州河上游,水库建成于1960年,总库容为

15.59×10^8 控制流域面积为 2 060 km², 是天津市最大的水库, 也是"引滦入津"工程重要的调蓄水库。该水库建成以来, 在下游的防洪安全、保障供水等方面发挥了巨大的作用, 特别是 1983 年"引滦入津"工程建成通水以来, 为天津市经济社会可持续发展和社会稳定做出了重要贡献。

20 世纪 60 年代以来, 于桥水库以上流域人口大幅增长、人类活动频繁, 进入 20 世纪 90 年代后, 流域内耗水量明显增长, 地下水埋深变化很大; 大量水利工程的修建, 造成蓄水量大幅增加; 2000 年以后, 流域内多年持续干旱, 流域年径流量大幅减少。与此同时, 降水空间分布不均匀程度更加剧烈。人类活动的影响改变了流域的下垫面特征, 土地利用与植被覆盖率发生变化, 流域蓄水能力、包气带厚度和植被截留量增加, 下垫面离散程度加剧, 这些变化使流域产汇流机制发生一定程度的改变。

作为天津市境内唯一的大型山区水库, 做好于桥水库洪水预报对水库调度和城市供水安全意义重大。而 20 世纪 90 年代以前建立的洪水预报方案已不能满足于桥水库以上流域的洪水预报要求。如 2012 年汛期, 流域发生自 1996 年以后的较大洪水过程, 采用原有方案对 7 月下旬的 3 次大洪水的产流量进行预报, 预报值远大于实测值。分析降水 – 径流关系发现, 径流系数与 20 世纪 90 年代相比有明显减小, 导致采用原有预报方案的洪水预报结果偏大。

于桥水库原有水文预报方案采用传统的集总式水文模型, 将于桥水库流域概化为一个整体进行研究, 只能给出产汇流过程空间上的均化结果, 不能有效反映下垫面变化对径流及洪水的影响。随着社会经济发展及人口的不断增长, 人类活动已对天津市于桥水库汇水区的水文条件产生了显著影响。原有水文模型(方案)已不能有效反映流域下垫面时间和空间变化对径流形成的影响, 以致在作业预报中出现较大的误差, 满足不了防汛及水资源调配的需要。采用最新的技术和理论, 分析人类活动对下垫面的影响以及于桥水库以上流域降水 – 径流特性的变化, 开展于桥水库以上流域分布式模型研究与应用具有重要的理论和现实意义。

1.1.3 地表径流量还原计算困难

人类活动改变了海河入海径流及其他控制断面地表径流量的天然状况, 水文站的实测资料仅是各时期实测径流量的记录, 不同时期观测的洪水资料可能代表着不同的流域自然条件和下垫面条件, 把这些资料放在一起作为一个样本进行分析, 就会破坏资料的一致性。为了解决水文系列资料一致性的问题, 应进行还原计算。还原计算指通过一定的途径, 将人类活动对水平衡要素产生明显影响的观测资料"还原"到其"本来面目", 即不受人类活动明显影响的状态, 以保证样本的一致性。

河流入海水量源自河流所在流域降水, 经过产流、汇流的过程最终汇入海洋的水量。决定河流入海水量的因素有两方面: 一是汇水范围的气候条件(主要是降水量及其时空分布); 二是汇水范围的人类活动影响。前者的变化属于自然变化, 后者的变化在几十年时间范围内主要是由于人类活动引起的下垫面条件的变化和用水量的变化。随着人类活动对自然影响程度加深、范围加大,河流产汇流机制发生显著改变,入海水量普遍呈现新的变化,这种变化对自然界水文循环模式、河流生态及河口海洋生态系统都会产生一定的影响。河流入海水量是判断河流健康程度的重要指标。海河曾经是海河水系的主要入海通道,其入海测验断面是海河闸水文站。近几十年来,海河水系入海水量总体上呈递减趋势。20世纪50年代平均为 $163.8 \times 10^8 \ m^3$,80年代为 $10.7 \times 10^8 \ m^3$,90年代只有 $2.7 \times 10^8 \ m^3$。因此,对海河现状年(2012年、2013年)的入海水量进行还原计算,能比较客观地反映海河入海水量减少的程度。

于桥水库以上流域共涉及3个地区的5个县(市)。其中,唐山市有 $1\ 222.3 \ km^2$ 在流域内,占全流域面积的59.3%,涉及的3个县(市)分别为遵化市、玉田县和迁西县;承德市兴隆县南部地区有 $397.5 \ km^2$ 在流域内,占流域总面积的19.3%;天津市蓟州区有 $440.2 \ km^2$ 在流域内,占流域总面积的21.4%。近几十年来,流域内水利工程的建设、地下水埋深的变化、土地利用的变化以及植被覆盖率的变化等下垫面特征变化,对河川径流的影响很大。于桥水库入库径流量在历史上有几个转折点,2000年以来,入库径流量急剧减少。因此,分析于桥水库入库径流量出现变化的原因,开展径流量还原计算,能更为客观地反映河流健康的变化程度。

1.1.4　暴雨时空变化出现了新的特点

城市暴雨洪水是暴雨作用于城市下垫面的产物,是自然界常见的水文现象。天津市位于海河流域下游,是我国海拔最低的城市之一。在气候变化和城市快速建设的背景下,流域下垫面条件发生了变化,改变了水文循环各要素的时空分布,加上特殊的地理位置和低洼的地势条件,近年来天津地区短历时暴雨强度不断增大。然而,城市排水系统的暴雨设计标准大多是基于20世纪八九十年代的降雨资料制定的,城市内涝灾害日趋严重。

一场一定时空分布的暴雨降落在城市区域形成的洪水与其地形、地貌、水系、土壤、植被、地质、水文地质、土地利用、现有工程设施等下垫面条件关系密切。城市暴雨洪水是造成城市洪涝灾害的根本原因。通过兴建排水和防涝工程可以达到防治或减轻洪涝灾害的目的,而兴建的规模必须从工程寿命期内的暴雨洪水规律、经济社会发展水平等方面加以考虑。

暴雨强度公式是一个地区暴雨统计规律的一种综合表达,是城市雨水排水系统规划与设计的基本依据之一,它直接影响到排水工程的投资预算和安全可靠性。根据《室外排水设计规范》(GB 50014—2006,2016版)规定,在进行城市排水管网设计时,雨水管网的设计排水量应通过当地的暴雨强度公式计算,城市排水工程的可靠性与采用的暴雨强度公式有直接的关系。不同历时、不同重现期的暴雨强度是城市市政工程设计的一个重要设计参数,它直接影响到排水管道直径的大小、管道的排列布局和排涝工程量的大小等。暴雨强度估算过大,将会导致排水排涝工程规模过大,造成不必要的浪费;估算过小,排水排涝工程达不到应有的标准,易造成水漫街道等内涝灾害,直接危害到经济建设和人们的生活。

目前,天津市在进行城市雨水排水系统的规划及设计时,所采用的暴雨强度公式仍是

20 世纪 80 年代初由天津市排水管理处编制的公式,距今已经有 30 多年历史。然而,在全球气候变化背景下,极端强降水的频率和强度整体呈增大趋势,给城市防洪排涝带来更大的压力。现有暴雨强度公式已不能反映 20 世纪 80 年代以来气候与城市环境变化对降水的影响。为更好地满足雨水排水设计工作的实际需要,保障人民的生活及财产安全,编制天津市新一代暴雨强度公式具有重要的意义。

暴雨是产生洪涝灾害的主要原因,研究暴雨的时空分布与数量特征是科学减灾的重要内容之一。利用设计暴雨推求设计洪水是大量中小流域水利水电工程设计工作中常用的途径之一。随着大量的水利水电工程、交通桥涵工程、城防工程、水资源保护和利用工程在无流量观测资料地区和人类活动剧烈影响区的立项建设,利用设计暴雨来推求设计洪水的途径得到更多的使用。因此,开展提高设计暴雨计算结果客观性和合理性方面的应用基础研究,具有重要的应用价值和潜在的社会经济效益。

中华人民共和国成立后,天津市已经进行了 2 次暴雨图集的编制工作。第一次是 1987 年编制的《天津市设计暴雨图集》,资料统计至 1985 年,暴雨历时有 10 min、30 min、1 h、3 h、6 h、12 h、24 h 和 3 d 共 8 种时段。第二次是 1999 年天津市水文水资源勘测管理中心根据 1997 年 11 月的《全国暴雨统计参数等值线图修编工作大纲》的具体要求,在原图集的基础上进行修改补充,补充了 13 年的降水资料,资料统计至 1998 年,增加 7 d 长历时时段,共计 9 种时段。为规划、设计、防洪、除涝、抗旱等诸多部门开展工作提供了分析和决策的重要依据。上一次修编由于资料条件限制,系列长度虽然延长了 13 年,改善了暴雨资料系列的代表性,但短历时暴雨资料系列代表性还是较差。随着时间的推移,暴雨资料系列不断增长,大大提高了暴雨统计参数的质量但经济建设对小流域雨洪计算提出了新的要求,非常需要补充修编《天津市设计暴雨图集》,而计算机技术和信息科学等学科的快速发展为修编提供了重要理论和方法支撑。

1.2 国内外水文研究进展

1.2.1 水文模型研究进展

流域水文模型是水文学与计算机技术相结合的产物,在水文学发展历史中,流域水文模型的出现具有划时代的意义。早在 20 世纪 80 年代,国际上有一些水文学家就曾预言:21 世纪将是模型世纪。现在的事实证明,这个预言基本上已成为现实。根据 Singh 等统计,全世界已有数以百计的流域水文模型,其中有较大实用价值的有 70 个,而比较流行的也有 15 个之多,我国赵人俊教授研制的新安江模型属于其中之一。流域水文模型已逐步成为探索水文规律、解决经济社会可持续发展中遇到的水问题的重要工具。对流域水文模型的研究始终是围绕着提高精度、更好地模拟和预测"降雨后发生了什么"这一水文学基本科学问题而展开的。从近 30 年流域水文模型发展的事实看,其发展的总趋势大体上是:从集总式、分散式向分布式发展;从黑箱子、概念性向具有物理基础发展;从仅考虑确定性或随机性向既能考虑确定性又能考虑随机性发展;从仅模拟降水径流形成向集成模拟产流、汇流、产沙、输沙和水质迁移转化发展;从传统的研制方式向在数字流域平台上研制发展。

从洪水预报的发展历史来看,国内用于洪水预报的降水－径流模型主要经历了两个发展阶段,同时也产生了两类方法(模型):20世纪60年代,中国已得到普遍使用的经验降水－径流模型;20世纪70年代开始采用的概念性降水－径流模型。经验方案中产流量采用以前期影响雨量 P_a 为参数的降水－径流($P+P_a-R$)经验关系进行计算,流域汇流采用单位线方法。用于洪水预报的降水－径流模型主要有新安江模型等。目前,经验降水－径流方案与降水－径流模型是国内不同流域普遍采用的方法。

在用于洪水预报的降水－径流水文模型研究方面,从时间和科学内容上来看,国际上经过了4个研究阶段。第一阶段是在1974年世界气象组织(World Meteorological Organization, WMO)对当时有代表性的10个模型进行了验证对比,当时参与的模型有概念性模型和黑箱模型,如美国 SAC、瑞典 HBV、日本 TANK 及 CLS 模型等,这是第一代的水文模型。第二阶段是在20世纪90年代中期,从实时洪水预报的角度对水文模型进行了比较研究,其结论之一是采用水文资料可率定的水文模型参数是5~6个。随着计算机与遥感科学的飞速发展,分布式水文模型成为水文学研究的热点,水文学家提出了很多分布式水文模型,同时公众社会对水文预报和洪水预报提出了更高的要求,因此如何评价分布式水文模型在水文预报和洪水预报中的应用是一个需要研究的问题。第三阶段是在2002—2004年,美国国家海洋和大气管理局(National Oceanic and Atmospheric Administration, NOAA)组织了分布模型比较计划(Distributed Model Intercomparison Project, DMIP),参加比较的分布式水文模型有13个,能够用于洪水预报的有9个,如美国国家气象局的基于网格与 SAC 模型的 HL-RMS,美国犹他大学开发的基于 TOPMODEL 的 TOPNET,丹麦的 MIKE11,美国马萨诸塞大学开发的 tRIBS,加拿大滑铁卢大学开发的 WATFLOOD 以及武汉大学开发的分布式水文模型。经过比较研究,有几个主要的结论:按照现在的标准,虽然对于大多数情况集总式模型优于分布式模型,但是率定过的分布式模型优于或者至少相当于率定过的集总式模型。第四阶段从20世纪90年代开始一直到现在,针对水文学家 Freeze 和 Harlan 在1969年提出的分布式水文模型构造框架的问题,Beven 和 Reggiani 等学者提出了采用代表性基本单元(Representative Elementary Watershed, REW)和热力学定律构建新的分布式水文模型的思路,并提出自然地将模型与参数的尺度问题联系在一起。

20世纪70年代初,水文模型的发展开始沿着两个方向进行:一是为了进行洪水预报而设计的概念性模型,如美国的 SAC 模型、日本的 TANK 模型、中国的新安江模型、瑞典的包夫顿模型和 MIKE 系列中的产流 NAM 模型;二是根据山坡水文学构造的基于物理基础的分布式水文模型,英国水文学家 Freeze 和 Harlan 在1969年提出了分布式水文模型的构造框架,该框架的实质是对于壤中流采用达西定律以及微分形式的质量和能量守恒方程。丹麦的 MIKE SHE 就是按照这个框架构造的。在这个时期,欧美等国家需要评估流域下垫面的变化对水文的影响,急需具有物理基础的分布式水文模型,水文学家对 Freeze 和 Harlan 提出的框架充满着希望。英国水文学家 Beven 教授提出由于土壤的各向异性以及由于大孔隙而形成的某个方向的壤中流,实际上很难采用微分形式的达西定律计算壤中流。1996年,丹麦和法国的研究者针对 MIKE SHE 模型进行了应用比较研究,发现模拟的结果具有很大的不确定性,为此 Beven 教授在 20 世纪 80 年代设计了 TOPMODEL,该模型是一个简化了的用于湿润地区径流模拟和预报,基于物理基础的半分布式水文模型。Beven 教授还指出,应该采用新的框架代替 Freeze 和 Harlan 提出的分布式水文模型框架,虽然 Beven 教授没有提出具体的框架内容,但还是提出,不是采用微分形式,而是采用积分形式控制体积的物质和能量守恒方程,这样自然把模型的参数与流域的尺度联系在一起,实际上 TOP-MODEL 就是这样的。针对 Freeze 和 Harlan 框架的问题,1998 年 Reggiani 根据热力学第二定律和熵理论采用控制体积法建立了分布式水文模型的理论和框架,并提出建立流域产汇流本构方程的设想。21 世纪以后,一些水文学家又沿着这个思路进行了一些创新性的探索,建立了第三代基于代表性单元(REW)的分布式水文模型。

近年来,基于物理基础的分布式水文模型一直是水文学家研究的热点,在流域水文模型的研究和应用中仍然存在一些值得注意的问题:①将构建或使用流域水文模型看作水文学研究的唯一追求,夸大其作用,不重视对水文物理过程机理的研究;②将在某种特定条件下研制出来的流域水文模型万能化,只要国外有什么模型,就会有追随者生搬硬套地到处使用,而不认真考虑它的具体使用条件;③盲目使用最优化方法率定模型参数,迷信数学方法,而几乎不顾及模型结构和参数的物理意义,对异参同效现象重视不足;④只注意拟合历史资料的效果,不注重模型的预测检验。

由于水文过程的非线性特点以及水文过程间的相互作用,水文现象总是在不同的时间与空间上表现出其高度的变异性。与集总式水文模型相比,分布式水文模型能够更准确地描述水文过程的机理,并能够更有效地利用地理信息系统(Geographic Information System,GIS)技术与遥感技术所提供的大量空间信息,以考虑水文现象在时间与空间上所呈现出的变异性,能够更好地模拟流域降水 – 径流的关系。现有的分布式水文模型的网格是处理流域降水 – 径流非线性问题的基础,它把流域下垫面变化的分散和不连续(主要指非渐变和突变)转化成网格内的渐变和连续,以便于用线性方法处理流域降水 – 径流的非线性问题。目前,大多分布式水文模型在进行流域产汇流计算时只考虑流域“线性尺度”的下限(即网格足够小),没有考虑“线性尺度”的上限(即网格足够大)。从微分学的角度看,分布式水文模型中所设定的网格步长越小,网格内的水文现象越接近线性变化,但是针对一个面积较大的流域,网格步长越小,降水 – 径流计算时间就会越长,这使模型参数率定和赋值时参数的变化对计算结果变化表现为很不敏感,在有限的资料条件下,很难率定出准确的模型参数。为了节省计算时间,当模型网格选得过大时,如超出了“线性尺度”,网格内本身就出现了非线性问题,使得径流模拟难以准确,以至于产汇流计算的结果失真,实际上已经违背了分布式水文模型的初衷。

水文模型的“异参同效”问题是当今水文学面临的主要前沿科学问题。“异参同效”指对于相同的模型结构和模型输入,会有多个最优参数组,从而使模型输出具有相同的拟合精度。如果模型只有 1 个参数,那么只要目标函数存在极值,极值就一定是唯一的。但如果模型包含 2 个或 2 个以上参数,有多于 1 组参数使目标函数达到相同或不相同的极值,这种现象称为"异参同效"现象。大多数流域水文模型都有 2 个以上参数需要通过率定确定。为此,水文学家提出了多种揭示多参数模型"异参同效"现象的方法,如 Beven 等于 1992 年提出的 GLUE 法。为了克服水文模型的"异参同效"问题,水文学家针对其产生的原因做了一些尝试,其中克服模型结构的不合理性、不将不敏感参数作为待率定参数、避免使用多极值目标函数、分阶段或子过程设置目标函数以尽量减少目标函数包含的参数、尽可能采用物理方法确定模型参数、设法弱化模型参数之间的互补性、减少模型输入和输出资料的误差等都是理论上克服"异参同效"问题的措施。但当前面临的事实是:现在离解决"异参同效"问题还为时尚早。

此外,人类活动对流域下垫面的改变是持续变化的,以至于反映同一种流域状态的降水径流资料很有限,常规的分布式水文模型很难选择适合的模型参数适应这样的变化,在这种条件下,有效的模拟流域降水 - 径流过程是非常困难的,预报结果也无法满足模型精度的要求。为考虑人类活动导致的下垫面变化对洪水的影响,水文学家大多是合理调整水文模型参数或模型结构,如新安江 - 海河模型,为考虑小型蓄水塘坝以及谷坊、鱼鳞坑、梯田等水土保持工程的影响,在模型中增加了地表径流填洼参数;为考虑山丘区地下水开采额外增加的包气带蓄水容量,在模型中加大了流域平均张力水容量(WM);为考虑植被变化引起的蒸散发变化,增加反映植被生物量多少的归一化植被指数参数;等等。总之,现有设计的水文模型单元不能灵活调整,从而使得参数率定复杂、计算时间长且不能有效应对下垫面变化对流域产汇流的影响。因此,如何设计一种参数率定容易、计算时间短,并可以有效应对下垫面变化对流域产汇流影响的分布式水文模型是业界亟须解决的课题。

1.2.2   水文计算研究进展

水文计算方法的发展在国内外都经历了从早期的经验估算,到近代基于数理统计理论的水文频率分析和基于水文气象成因分析的可能最大降水 / 可能最大洪水(Probable Maximum Precipitation/Probable Maximum Flood, PMP/PMF)计算,到目前侧重各种方法融合、随机性与确定性方法平行发展的过程。近几十年,气候变化和人类活动对自然水文过程的影响不断加剧,给依靠历史资料推断水文极值变化规律的水文计算带来了新的挑战,同时新问题的出现和理论的进步也推动了水文计算方法的不断发展。近年来,传统的水文频率分析和 PMP/PMF 方法不断完善,在基于风险分析理论的防洪标准研究,气候变化和人类活动对设计成果的影响研究以及不确定性新理论、新方法应用研究等方面取得了进展。但是,如何定量评价人类活动对设计成果的影响,仍然是目前水文计算研究中的热点和难点。

1.2.2.1   水量还原计算

常用的水量还原计算方法主要有分项调查法、降水 - 径流关系法、蒸发差值法、水文模型法以及水文比拟法等。分项调查法,即水量平衡法,是还原计算的基本方法,也是《水利水电工程水文计算规范》(DL/T 5431—2009)中的推荐方法。它是将影响河川径流的成因细化,进行逐项还原的一种径流还原计算方法。在计算过程中,理论上应将所有影响径流的形成因素进行还原,但是这将导致计算工作量加大,因此在满足工程精度要求的情况下,结合实际有目的地删除一些对径流形成影响较小的因素,可使计算量大大减少。还原项一般包括跨流域引水量、农业灌溉耗水量、水面面积增加耗水量、工业和生活耗水量、水库(淤地坝)调蓄水量等。该方法以流域的水量平衡为基础,在充分利用实测与调查资料的情况下,一般可以获得较高的精度和较好的使用效果。而对资料缺失或不全的地区,则很可能出现还原失真问题。

降水–径流关系法是通过建立人类活动显著影响前的降水–径流关系,结合其后的降雨资料推求人类活动影响显著时期的天然径流量的一种方法,也称降水–径流相关法。常采用多元线性回归分析法建立流域的降水–径流关系,回归因子一般包括当年降雨量、前期影响雨量、气温等。该方法不同于分项调查法,其对资料要求较少,且不受社会经济用水数据调查深度的影响。只要研究地区的降水–径流关系较好,即可进行径流还原,非常适用于资料缺乏地区或小流域的工程水文设计。但当地区降水–径流关系不显著时,该方法的结果就很难准确反映当地的实际情况,必须配合分项调查法综合确定还原水量。

蒸发差值法是将还原水量视作人类活动影响前后流域蒸发量变化的一种方法,其特点是基于长期水量平衡关系,可避免还原资料不确定性降水–径流关系不稳定等问题,但其忽略了流域蓄变量,这对于地下水超采(或蓄变量存在变化)地区则很难应用。同时,计算过程中流域平均雨量的可靠性和蒸发资料的代表性对计算结果影响较大,是其精度控制的关键。

水文模型法是基于产流结构推求天然径流的一种方法,其通过产流结构(参数)控制径流输出,模型结构上包含了地表径流和地下径流两个部分。从方法上看,水文模型法无论是在设计流域的适用性,还是在还原精度上较前三者都有更好的表现,非常适用于径流受人类活动影响且难以逐项定量计算的流域。但由于水文模型法专业性强,基础数据库建设和参数率定过程都需要专业人员完成,对资料和数据的要求较高,因此其在工程实践中并不常用。

国外径流还原计算对水量平衡法以及降水–径流模型研究较多,近年来也将新技术应用到径流还原计算中。1999 年 Saikumar 和 Thandaves 利用人工神经网络对资料系列较短的流域建立了月降水–径流模型;2001 年 Ertunga 和 Duckstein 建立了模糊降水–径流模型,以解决降水–径流模型中参数不确定的问题;Whigham 和 Crapper 将遗传算法引入降水–径流模型中,以确定降水和径流之间的关系。国内也有学者将遗传算法优化的 BP 神经网络模型引进径流还原计算中。魏茹生等认为,基于遗传算法优化的 BP 神经网络模型与降水–径流模型相比,具有非线性特性,这与水文系统的本质规律一致,因此具有较强的适用性,计算精度有所提高;为深层次挖掘用水资料中隐含的信息,针对流域的特点而建立的基于小波分解的分项预测模型,能够分尺度、深层次地把握现象的发展趋势,并将总体预测可能带来的不确定性分散到各个分支上,物理概念清楚,径流还原计算精度较上述模型高。

我国幅员辽阔,水资源时空分布不均,流域水文气象与下垫面条件复杂多样,需要充分了解流域的情况,才能合理进行径流还原计算,得出准确的计算结果。目前,国内对径流还原计算采用的大多都是上述传统的计算方法,这些传统的方法在理论上简单易懂,为众多专家学者所青睐。但是,随着经济发展,城镇化加快,人类活动的影响更加频繁,人类用水类型、方式复杂多样,而且有关用水数据采集困难,导致还原计算可用资料十分匮乏,且流域下垫面条件变化巨大,地下水发生扰动等因素,也给还原计算工作带来极大的不确定性。这些传统的计算方法因其本身的局限性,还原计算精度难以适应国民经济发展对径流还原计算的要求,亟须寻找新的径流还原计算方法与技术。近年来,我国水文学者针对人类活动的实际影响,提出了二维径流还原等新方法,以分离或充分考虑人类活动对下垫面条件的影响,从而计算还原后的天然径流量。但是,这些方法仍需要大量的人类用水资料,在资料缺乏地区推广使用仍然存在一定的难度。

1.2.2.2　暴雨分析计算

城市暴雨强度公式的编制工作可分为两部分:一是从城市降雨资料中选样并应用理论频率曲线调整,得出暴雨强度－降雨历时－重现期的关系表,即 i-t-T 表;二是从 i-t-T 表编制出暴雨强度公式,即根据 i-t-T 表中的经验数据选配经验公式。暴雨强度公式的精度主要取决于暴雨选样的方法、频率分布曲线的线型、暴雨公式的形式以及相应统计参数的计算等。

1)城市暴雨资料的选样问题

雨样的选择方法非常重要,因为它直接关系到所选雨样能否客观地反映现代城市排水设计重现期范围的暴雨雨样的统计规律,从而为编制或修编用于现代城市排水设计的暴雨强度公式提供具有代表性和可靠性的统计基础资料。

目前,城市暴雨资料选样有年最大值法与非年最大值法两种类型,其中非年最大值法包括年超大值法、超定量法和年多个样法。如何合理确定城市暴雨资料的选样方法,国内外做了大量研究工作。一些发达国家的城市,由于自记录雨量资料系列较长且排水设计常用重现期要求较高,20 世纪 60 年代开始采用年最大值法选样,20 世纪 90 年代开始改用年超大值法选样。在国内,由于城市自记录雨量资料的缺乏及计算技术的相对落后等原因,20 世纪 60 年代起开始用年多个样法,并将该法写入历版排水规范中。但是自 20 世纪 60 年代后期起,我国水文与气象部门只统计年最大值,不再统计年多个样值,这使得年多个样法的样本资料很难直接获取。20 世纪 80 年代中期以来,有学者建议采用年最大值法选样,相比之下,年最大值法的资料容易得到,且目前各地的资料系列较长,资料积累已大大超过年最大值法的最低需要。目前,国家标准《室外排水设计规范》(GB 50014—2006, 2016 版)推荐使用年多个样法和年最大值法。

国内外多年的实践表明,年最大值法每年选一个最大值,选样简单、独立性强,在水文统计中应用最广;该法会遗漏一些数值较大且在年内排位第 2 或第 3 的暴雨,使小重现期的暴雨强度明显偏小,但在大重现期部分,雨强差异不大。在城市排水中如果采用的重现期小,用年最大值法会出现明显偏差。年多个样法避开了暴雨雨样标准的不确定性,兼顾了各地暴雨资料年份不足的缺陷,不会遗漏较大的雨样,在小重现期部分,能比较真实地反映暴雨的统计规律,但该法存在统计资料多,收集与统计较困难,且所需费用较大等缺点。年超大值法与年多个样法的不同点在于,减少了统计中一些小暴雨资料,该方法资料易得,统计工作量小且费用较少,若有健全的城市自记录雨量资料,其统计结果与年多个样法接近,甚至更高。在城市暴雨强度推求中,《室外排水设计规范》(GB 50014—2006,2016 版)推荐了 2 种选样方法:一是在具有 10 年以上自动雨量记录的地区,暴雨样本选样方法可采用年多个样法;二是在具有 20 年以上雨量记录的地区,有条件的地区可用 30 年以上的雨量系列,暴雨样本选样方法可采用年最大值法。

2)频率分布线型问题

根据自记录雨量资料得出的暴雨强度频率分布规律是对暴雨的一种概率预估,它是建立合理可靠的暴雨强度 - 降雨历时 - 重现期关系表(i-t-T 表)的依据。世界上许多国家都颁布了设计暴雨(洪水)规范或导则,统一采用某一种标准分布线型;也有一些国家没有制定统一的规范或标准,其主要是基于实践,应用经验或统计检验比较,在本国不同区域根据实际情况选择最适合本区域的分布线型。总之分布线型的选择一般要求依据充分,应用简单便捷,形式灵活稳健,易于接受。

目前,我国一般采用的频率分布曲线主要有四种线型:①皮尔逊(Pearson)-Ⅲ 型分布曲线;②指数分布曲线;③极值Ⅰ型分布耿贝尔(Gumbel)曲线;④对数正态分布曲线。前三种在城市暴雨强度公式的统计中应用较为广泛。

3)城市暴雨强度公式及求参问题

暴雨强度公式数学形式的选择也是一个非常关键的问题,因为它关系着能否合理地反映由频率分布规律所确定的 i-t-T 关系曲线的规律性。由于不同地区的气候不同,降雨差异很大,降雨分布规律适合的曲线类型也不同,故各国在做了大量研究后都编制了本国的城市暴雨强度公式数学形式。计算模式的选择须建立在大量统计分析的基础上,以符合客观暴雨规律为出发点,同时考虑计算模式在统计与应用上简易与方便。

随着计算机技术及计算方法的发展,确定城市暴雨公式参数的方法越来越多,例如 1987 年王世刚介绍的牛顿迭代法,1995 年张子贤介绍的高斯 - 牛顿法,1999 年李树平、刘遂庆等介绍的麦夸尔特法等。最近几年,又有许多学者运用优选回归分析法、遗传算法、加速遗传算法及约束稳定收敛加速遗传算法等方法来求解暴雨强度公式的参数,上述方法收敛速度快,初值的选取对其求解精度影响小。

1.3　研究内容与技术方案

1.3.1　本课题研究的主要内容

由于城市建设规模的扩大、经济的增长以及人口的聚集,使得天津市城区的城市小气候特征愈加明显,城市热岛效应使得处于季风区的水汽气流水平运动方向发生变化(城市热岛水汽垂直交换明显),运动速度发生变化,更利于暴雨的产生,使得极端天气时有发生,从而加剧了城市雨洪灾害。城市积水问题造成的损失越来越严重,造成的社会影响越来越大,因此解决城市排水问题显得尤为迫切,而解决城市排水的前提是对城市暴雨的情况和规律有清楚的认识和研究。

因城市化而引起的气候、降水、下垫面等因素的变化使城市产流、汇流特性发生了改变,原有的水文模型已不能有效地反映流域空间变化对降水-径流的影响。因此,结合最新的水文技术建立分布式水文模型,充分反映人类活动对下垫面的影响以及导致降水-径流特性的变化,是非常必要的。

随着城市经济的迅速发展、城市化进程的加快,人类活动改变了水资源的时空分布,导致水资源的补给、径流、排泄、转化条件发生了显著变化,在大规模经济开发和全球气候变化双重因素作用下,一些河流、湖泊出现了不同程度的水质恶化,形态、结构、水文条件变化,生态环境退化以及重要或敏感水生生物消失等问题,使实测水文成果缺乏一致性,采用传统的还原计算方法又往往由于还原水量的不确定性,使资料系列的可靠性难以保障,开展新方法的研究和探索,已经是十分迫切的问题。

本课题围绕制约天津市经济社会发展的洪涝灾害、干旱缺水和水环境污染三大问题,广泛开展水文、水资源基础研究和实践工作,主要包括以下子课题:

①天津市城市暴雨分析、计算及城市暴雨强度公式研究;

②天津市短历时暴雨研究及暴雨图集编制;

③人类活动影响下于桥水库产汇流模型的研究及应用;

④天津市人类活动影响下地表径流计算方法研究及实践;

⑤中值径流水文还原计算法在河湖健康评估中的应用。

以上子课题概括为如下研究内容。

(1)有限元控制的分布式水文模型的研究应用及实践。

针对目前分布式水文模型参数众多,仅依据流域出口断面水文资料来率定模型参数,导致模型参数无明确物理意义以及"异参同效"的问题,开展基于有限元的流域剖分技术研究,构建基于有限元的分布式水文模型,探讨动态有限元内模型参数的率定技术,实现人类活动影响下流域分布式水文模拟与预报。

(2)中值径流水文还原计算方法研究应用及实践。

针对目前人类活动影响改变天然径流状况而造成的水文资料不一致性问题,开展识别人类活动对年径流影响的研究,探讨水文还原计算的新理论和新方法。研究分别采用双累积曲线、降水-径流关系和中值降水-径流识别人类活动影响的理论和方法,并对径流进行还原计算。

(3)城市短历时暴雨分析研究应用及实践。

针对现有的设计暴雨研究时间早和利用的统计数据有限,已经不能满足气候变化条件下对工程安全及人民生命财产安全的要求问题,开展暴雨资料的分析处理,暴雨频率曲线及参数计算研究,探索编制天津市暴雨强度公式的途径,探讨确定暴雨点面关系和绘制天津市暴雨图集的方法。

（4）示范应用。

将人类活动影响下的水文计算与预报的新理论与新技术应用于：于桥水库洪水预报方案与实时洪水预报系统开发和应用；于桥水库、天津市以及海河入海水量计算，对其入库径流以及主要控制断面进行还原计算；天津市城市暴雨强度公式修订，天津市暴雨图集的编制。

1.3.2　技术方案

本研究分为三大部分，即水文计算方法研究、水文预报方法研究及其在天津市的应用，技术路线见图 1-1。从基本资料分析处理入手，在识别人类活动影响的基础上，采用有限元剖分技术构建分布式水文模型、编制预报方案，采用中值径流计算方法进行径流还原计算、计算径流特征、开发暴雨点面关系、分析天津市短历时暴雨，最终实现人类活动影响下的分布式水文预报与水文分析计算。

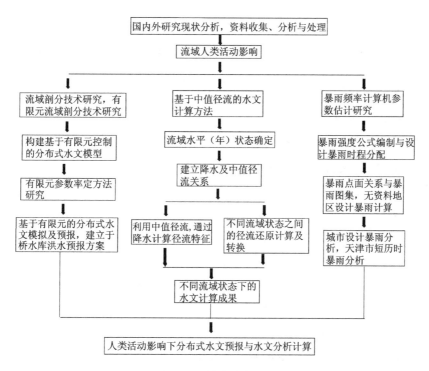

图 1-1　技术路线图

1.3.2.1　天津市城市暴雨分析、计算及城市暴雨强度公式研究

1）暴雨样本取样

采用人工摘录的方法对天津市现有暴雨资料按照 5、10、15、20、30、45、60、90、120、180 min 共 10 个历时，每个时段每年 8 个样本进行样本取样。

2）暴雨分区确定

选用天津市常年雨量站2012年前所有短历时暴雨资料系列，频率曲线线型采用皮尔逊-Ⅲ型分布曲线，并根据周边省市雨量站情况，估算暴雨参数，根据暴雨参数确定暴雨分区。

3）暴雨强度公式推求

根据暴雨分区，选择代表站确定暴雨强度公式，暴雨强度公式修订采用年最大值法和年多个样法，取用1974—2012年短历时暴雨系列，采用皮尔逊-Ⅲ型分布曲线目估适线法设计暴雨，公式参数率定采用解析法，根据《室外排水设计规范》公式精度以平均绝对均方差控制（不大于0.05 mm/min），在高重现期暴雨强度较大的地方，平均相对均方差不大于5%。

4）方法比较及公式推荐

针对年最大值法和年多个样法的计算成果进行比较，同时与天津市以往采用的公式进行比较，确定推荐公式。

5）设计暴雨雨型分配

采用Pilgrim-Cordery法计算推求天津市中心城区60、120、180 min的设计雨型时程分配。

1.3.2.2　天津市短历时暴雨研究及暴雨图集编制

1）暴雨数据库资料系列的延长

此次研究采用10 min、30 min、60 min、3 h、6 h、12 h、24 h、3 d、7 d共9种历时。统计抽样采用年最大值法，将资料系列由1998年延长至2012年。

2）暴雨图集参数的估算

频率曲线线型采用皮尔逊-Ⅲ型分布曲线。每种历时估算3个参数：均值$\bar{x}$、变差系数C_v、偏态系数C_s与变差系数C_v的倍比值。根据上次编图经验此次修编取C_s/C_v=3.5。

参数计算采用计算机软件约束准则适线和多历时目估适线法，提供两套成果。用约束准则适线与目估适线相结合的方法编图。目估适线直接调用约束准则适线的参数，经专家综合协调后成为目估适线的参数成果。

3）暴雨参数等值线图的绘制

等值线图的绘制采用机器绘图和专家经验相结合的方法。机器绘图只能凭各站点参数提供的信息反映总的分布情况，无法参照实测和调查的最大点雨量的分布、地形地貌条件、暴雨地区特征等因素进行综合分析，需要人工调整修改。

4）合理性检查

对比检查新老参数设计值，等值线的走向及高、低值分布区。极大值点数据的处理结合重现期情况进行分析综合。对区域合理性进一步做分析检查。

5）暴雨点面关系确定

对于较小流域（小于300 km²），可直接用点雨量代替面雨量；较大流域（300~1 000

km²)要求通过点面关系的分析来推求面雨量设计值。本次拟采用定点定面方法推求天津市设计暴雨点面关系,在全市范围内选取 1~2 个暴雨中心,选择若干场大暴雨资料,绘制等雨深线图,量算各等雨深线所围面积,计算相应的面平均雨量,最后确定暴雨中心点面关系。

6)设计暴雨时程分配

开展 24 h 暴雨时程分配计算,设计暴雨时程分配采用不同时段暴雨量同频率控制典型放大的方法确定。

1.3.2.3 人类活动影响下于桥水库产汇流模型的研究及应用

本次研究综合采用实际调查、资料对比分析、理论分析等方法,将计算机模拟技术、地理信息系统技术、遥感技术与水文科学相结合,基于对水文现象的认识,应用物理数学和水文学知识,分析各水文要素之间的关系,以数学方法建立一个水文模型来模拟降水径流的形成过程,技术路线如图 1-2 所示。

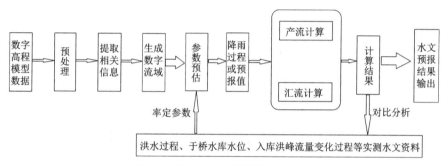

图 1-2 降雨 – 径流模拟技术路线图

1)模型时空尺度的确定

在不同时空尺度上,水文现象可能呈现出性质迥异的变化特征。大尺度流域水文过程对地貌、土壤、植被等流域特征参数的响应不敏感,可能导致精度和分辨率的降低。采用小尺度虽然提高了模型精度和分辨率,但运行时效较差,不能满足实时水文预报的要求。因此,确定适宜的尺度是分布式水文模型研究首要解决的关键问题。

2)于桥水库汇水区"数字流域"生成和流域信息提取

目前,绝大多数的分布式水文模型都建立在数字高程模型(Digital Elevation Model,DEM)栅格基础之上,所需的流域下垫面信息均来自对 DEM 栅格的分析与处理。因此,数字流域的构建和流域信息的提取是分布式水文模型研究与应用的前提。

3)降雨量的空间离散

基于流域 DEM,按自然流域进行流域单元面积的划分,其仅考虑了流域下垫面的空间差异性,无法较好地处理降雨空间分布不均的问题。对于降雨,主要考虑雨量代表性,即尽可能采用直线距离最近的雨量站作为代表站,而不考虑地形等其他影响因素。所以,本次研究采用传统的以雨量站为中心的泰森多边形法对降水量要素进行空间离散,获取空间分布特征信息。

4）产汇流计算

以于桥水库流域内每个 DEM 栅格作为计算单元，并假设在栅格单元内降雨、地貌特征、土壤类型以及植被覆盖等下垫面条件空间分布均匀。模型只考虑各个要素在不同栅格间的变异性。结合天津市实际情况，针对不同下垫面情况，分别选择适宜的产流模型，对各计算单元逐个进行产流计算。针对不同的汇流特性，分别采用不同的汇流处理模式，根据栅格间的汇流演算次序，依次演算至流域出口。

5）模型率定

本次研究拟采用人工试错法进行模型率定。采用 2000—2012 年于桥水库以上全流域及水平口、龙门口、前毛庄、库区间 4 个分区主要降雨过程，各区间控制站点的洪水过程，于桥水库水位、入库洪峰流量变化过程，于桥水库溢洪道分泄洪水过程等资料，进行模型验证。通过实测水位过程和计算水位过程的比对，率定模型参数，直至达到允许误差标准，以保证预报的精度和可靠性。

6）洪水预报

根据实时降雨或气象部门的数值预报数据，运用已建立并经过验证的分布式水文模型进行洪水预报作业，模拟各计算单元的产流、汇流情况，预报于桥水库汇水区暴雨之后的入库水量、洪峰水位、流量及峰现时间。

1.3.2.4　人类活动影响下天津市地表径流计算方法研究及实践

1）代表区域选择

在海河流域按水资源分区选取若干代表区域。

2）区域地表径流还原计算及特征分析

对代表区域逐年进行径流还原计算，得到天然径流系列，通过系列分析计算确定天然状态下径流特征。

3）同频法计算区域地表径流特征

计算区域降水统计特征，求算区域降水－中值径流关系，点绘区域年降水－年径流汇出量关系分布图，当区域降水－径流关系点足够多时，针对不同的区域水资源开发阶段存在不同的降水－径流关系点群，在相对稳定的水资源开发阶段点绘降水－径流关系中心线，即各稳定阶段降水－中值径流关系线，通过降水分析计算的不同频率降水量计算区域地表径流汇出量，通过降水分析计算的不同频率降水量（如保证率为 20%、50%、75%、95% 的区域降水量）查算区域地表径流汇出量，即为在该水资源开发水平下的相应频率区域地表径流汇出特征。

4）两种方法成果比较

分析比较还原计算法和同频法两种计算成果，分析同频法计算成果的可行性，确定边界条件。

1.3.2.5 河湖健康评估的水文还原计算

依据河湖健康评估的要求,采用水文比拟方法,开展控制断面径流过程的水文还原计算工作,对不同时期、同量级、同分布的年降水量产生的不同的年径流过程进行研究,有效反映水文过程的变异性,客观准确地评价河流健康的变化程度,技术路线如图 1-3 所示。

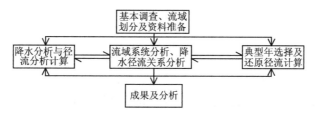

图 1-3 河流健康评价技术路线图

第 2 章　有限元控制的分布式流域水文模型

2.1　方法概述

针对流域降水－径流的非线性问题,水文学领域提出了众多分布式水文模型。现有的分布式水文模型的网格是处理流域降水－径流非线性问题的基础,它把流域下垫面变化的分散和不连续(主要指非渐变和突变)转化成网格内的渐变和连续,以便于用线性方法处理流域降水－径流的非线性问题。

目前,大多数分布式水文模型在进行流域产汇流计算时只考虑流域线性尺度的下限(网格足够小),没有考虑线性尺度的上限(网格足够大)。从微分学的角度看,分布式水文模型中所设定的网格步长越小,网格内的水文现象越接近线性变化,但是针对一个面积较大的流域,网格步长越小,降水－径流计算时间就会越长,则在模型参数的率定和赋值时,参数的变化对计算结果变化表现为很不敏感,使得在有限的资料条件下,很难率定出准确的模型参数。为了节省计算时间,当模型网格选得过大时,超出了线性尺度,网格内本身就出现了非线性问题,使得径流模拟难以准确,以至于产汇流计算的结果失真,实际上已经违背了分布式水文模型的初衷。

受人类活动的影响,人类对流域下垫面的改变是持续的和变化的,以至于反映同一种流域状态的降水径流资料很有限,常规的分布式水文模型很难选择适合的模型参数适应这样的变化,在这种条件下有效地模拟流域降水－径流过程是非常困难的,预报结果也无法满足模型精度的要求。现有的水文模型不能灵活调整,从而使参数率定复杂、计算时间长且不能有效应对下垫面变化对流域产汇流的影响。本章论述的有限元控制的分布式水文模型是一种参数率定容易、计算时间短,且可以有效应对下垫面变化对流域产汇流影响的水文模型。

2.1.1　有限元划分法

有限元方法的思想最早可以追溯到古人的"化整为零""化圆为直"的做法,如曹冲称象的典故,我国古代数学家刘徽采用割圆法来对圆周长进行计算。这些实际上都体现了离散逼近的思想,即采用大量的简单小物体来"冲填"出复杂的大物体。早在 1870 年,英国科学家 Rayleigh 就采用假想的"试函数"来求解复杂的微分方程, 1909 年 Ritz 将其发展成为完善的数值近似方法,为现代有限元方法打下坚实基础。1943 年, Courant 对 Ritz 法做了极为重要的推广,求解了扭转问题。1960 年, Clough 第一次提出并使用有限元方法(Finite Element Method, FEM)。该方法的提出引起了广泛的关注,随着计算机技术的快速发展,该方法的发展和应用速度不断加快。有限元法已应用到三维问题,材料非线性和几何非线性问题,与时间有关的问题,以及在结构分析以外许多领域内的问题,例如流体流动、热传导和电磁场分析。概括起来,有限元法可以解决平衡问题、特征值问题和传播问题,但尚未发现采用有限元法探究水文规律的研究。

有限元分析的最大特点是标准化和规范性,这种特点使大规模分析和计算成为可能。实现有限元分析标准化和规范性的载体就是单元,这就需要我们构建起各种各样的具有代表性的单元。一旦有了这些单元,就好像建筑施工中有了一些标准的预制构件(如梁、楼板等),可以按设计要求搭建出各种各样的复杂结构。有限元分析的最主要内容就是研究单元。

有限元方法是现代数字化科技的一种重要基础性原理。将它应用于水文科学的研究中,可成为探究水文物理规律的先进手段。鉴于上述流域剖分方法在参数率定以及描述流域产汇流规律方面都有一定的限制,本课题首次提出采用有限元划分法对流域进行剖分。

2.1.2　流域有限元划分

有限元划分是依据流域土地利用、土地覆盖、土壤类型等下垫面属性及雨量站控制密度进行的,每个有限元内具有相同或近似的下垫面属性。其中,一个有限元通过一个雨量站进行控制,一个雨量站控制不同属性的有限元,有限元面积的总和等于流域面积。根据流域河网汇流特性按河流分叉划分汇流节点,当流域河网汇流出现多级分叉时,对应划分出多级节点;在汇流节点以上,根据流域下垫面属性及雨量站控制划分有限元,各有限元通过河网组成流域有限元分布如图 2-1 所示。流域的有限元分布可以考虑降水空间分布的非线性问题,产流、坡地汇流的非线性问题以及河网汇流的非线性问题。在有限元内采用水文模型分别进行产流、汇流计算,而每个有限元具有单一的下垫面属性,因而有着独立且特定的模型参数。

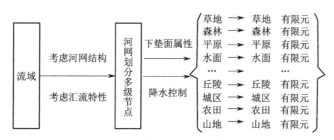

图 2-1　有限元划分示意图

该划分方法可以考虑降水径流形成中的非线性问题。有限元的划分从流域雨量站的控制密度、下垫面属性和流域汇流特征上考虑了流域水文现象的线性尺度。通过雨量站的密度可以考虑降雨的空间分布不均匀问题;通过下垫面属性相似可以解决下垫面空间分布不均匀问题,控制产流、汇流的非线性问题;通过河流分叉划分汇流节点,可以控制河网汇流非线性问题。与前述子流域划分方法相比,有限元法将下垫面均匀的网格单元划分在一起,减少了需要率定的参数个数,可以通过实验把同一下垫面条件下的产汇流参数计算出来,由此一个有限单元内的参数就可以确定。这样确定的分布式水文模型参数有较为明确的物理意义,能有效避免"异参同效"现象的发生。

有限元的划分能解决流域降水－径流模拟的线性尺度问题,通过控制雨量站的密度控制降水空间分布的线性尺度,通过下垫面属性控制产流空间的线性尺度,通过流域河网汇流节点空间控制汇流空间的线性分布尺度。流域的各个有限元通过河网组成流域有限元分布,每一个有限元将生成一个有限元模型。

2.1.3　有限元模型生成

有限元模型是物理水文模型,依据不同的下垫面属性有着不同的模型参数。有限元模型的水文计算方法是线性的。

有限元模型利用三水源(地面径流、壤中流、地下径流)计算产流,利用线性水库计算坡面汇流,每个有限元具有单一的下垫面属性,有限元生成的有限元模型有着独立而特定的模型参数。有限元模型生成过程如图 2-2 所示。

图 2-2　有限元模型生成示意图

2.1.4　有限元控制的分布式水文模型的生成

使用河网把流域生成的各个有限元模型通过线性方法(线性水库法或马斯京根法)组合在一起,生成有限元控制的分布式水文模型,该分布式水文模型考虑了人类活动影响对流域水文特性、特征的干扰。

使用河网汇流生成有限元控制的分布式水文模型,模型输出成果为流域出口的径流过程及水位过程,河网汇流利用线性水库法或马斯京根法调节演算,有限元分布式水文模型计算过程如图 2-3 所示。

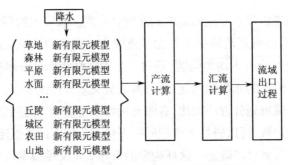

图 2-3　有限元分布式水文模型计算示意图

从流域有限元的划分到有限元控制的分布式水文模型生成步骤如图 2-4 所示。

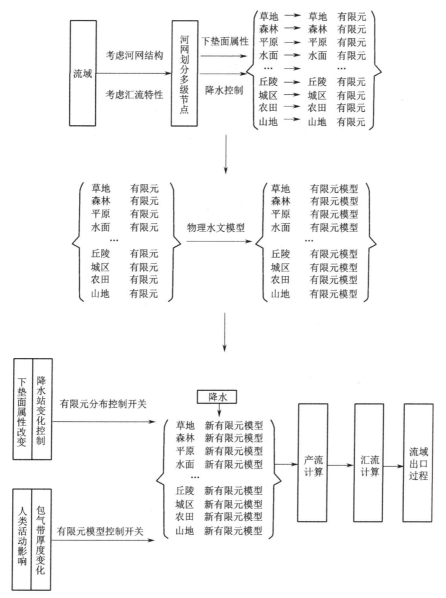

图 2-4　从流域有限元的划分到有限元控制的分布式水文模型生成示意图

2.1.5　有限元控制的分布式水文模型的基本结构

根据流域下垫面的水文、地理情况以及雨量站的控制密度将流域分为若干个有限元,首先对每个有限元内的降雨径流过程进行计算,然后将每个有限元面积预报的流量过程演算到流域出口,最后叠加起来即为整个流域的预报流量过程,计算过程如图 2-5 所示。

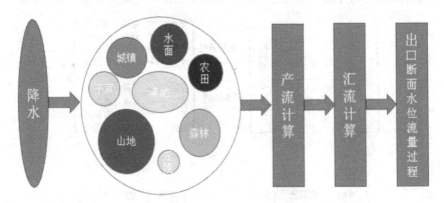

图 2-5　有限元计算过程示意图

2.1.5.1　有限元内水文过程模拟与预报

有限元内产流采用蓄满产流机制;蒸散发分为上层、下层和深层;水源分为地表、壤中和地下三种水源;汇流分为坡地汇流、河网汇流两个阶段,模型计算流程如图 2-6 所示。模型结构及具体参数含义简要介绍如下。

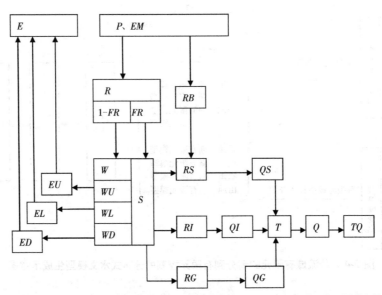

E—流域蒸散发量;EU、EL、ED—上、下、深层蒸散发量;W—流域蓄水量;WU、WL、WD—上、下、深层蓄水量;P—降水量;EM—实测蒸发能力;R—透水面积产流;FR—产流面积;S—自由水蓄量;RB—不透水面积产流;RS、RG—地表、地下径流;RI—壤中流;T—河网总入流;Q—单元面积河网汇流;QS、QI、QG—地表、壤中、地下流量;TQ—出流量。

图 2-6　有限元分布式模型计算流程图

1)蒸散发计算

有限元模型蒸散发计算采用三层蒸发计算模式,输入的是蒸发皿实测水面蒸发,其参数有流域上层张力水容量 WUM,下层张力水容量 WLM,深层张力水容量 WDM,流域平均张力水容量 WM($WM=WUM+WLM+WDM$),蒸散发折算系数 K 及深层蒸散发系数 C,输出的是上、下、深三层的时变流域蒸散发量 EU、EL、ED（$E=EU+EL+ED$）和上、下、深三层的时变流域蓄水量 WU、WL、WD（$W=WU+WL+WD$），其中 E、W 分别表示时变的流域蒸散发量和流域蓄水量。各层蒸散发的计算原则是：上层按蒸散发能力蒸发，上层含水量不满足蒸发能力时，剩余蒸散发能力从下层蒸发，下层的蒸发量与蒸散发能力及下层蓄水量成正比，并要求计算的下层蒸散发量与剩余蒸散发能力之比不小于深层蒸散发系数 C。否则，不足部分由下层蓄水量补给，当下层蓄水量不够补给时，用深层蓄水量补给。计算公式为

当 $P+WU \geqslant EP$ 时

$$EU=EP, \ EL=0, \ ED=0 \tag{2-1}$$

当 $P+WU < EP$ 时

$$EU=PE+WU \tag{2-2}$$

若 $WL > C \times WLM$

$$EL=(EP-EU)\frac{WL}{WLM}, \ ED=0 \tag{2-3}$$

若 $WL < C \times WLM$ 且 $WL \geqslant C \times (EP-EU)$

$$EL=C \times (EP-EU), \ ED=0 \tag{2-4}$$

若 $EL < C \times WLM$ 且 $WL < C \times (EP-EU)$

$$EL=WL, \ ED=C \times (EP-EU)-WL \tag{2-5}$$

式中：P 为降水量；EP 为流域蒸散发能力；EM 为蒸发皿实测蒸散发能力，有 $EP=K \times EM$。

2）产流量计算

产流量计算根据蓄满产流模式计算得出。蓄满指包气带的含水量达到田间持水量。在土壤湿度未达到田间持水量时不产流，所有降雨都被土壤吸收，成为张力水。而当土壤湿度达到田间持水量后，所有降雨（扣除同期蒸散发）均用来产流。参数有流域平均张力水容量 WM，张力水容量曲线的方次 B，不透水面积占全流域面积的比值 IM。计算公式为

$$\frac{f}{F}=\left[1-\left(1-\frac{y}{WMM}\right)^{B}\right] \times (1-IM)+IM \tag{2-6}$$

$$WMM=\frac{WM \times (1+B)}{(1-IM)} \tag{2-7}$$

$$A=WMM \times \left[1-\left(1-\frac{W}{WM}\right)^{\frac{1}{1+B}}\right] \tag{2-8}$$

当 $P-E > 0$ 时，产流；否则不产流。产流量计算公式为

若 $P-E+A < WMM$，则

$$R=P\text{-}E\text{-}WM+W+WM \times \left[1-\left(\frac{P-E+A}{WMM}\right)^{(1+B)}\right] \tag{2-9}$$

若 $P-E+A \geqslant WMM$，则

$$R=P\text{-}E\text{-}WM+W \tag{2-10}$$

式中：f 为产流面积；F 为全流域面积；W 为流域平均蓄水量；WMM 为流域最大点水容量；R

为产流量;y 为单点蓄水量。

3)水源划分

采用自由水蓄水库的结构来解决水源划分问题。将水源分为地表径流 RS,壤中流 RI 和地下径流 RG。参数有表层土自由水蓄水容量 SM,表层土自由水蓄水容量曲线的方次 EX,表层土自由水蓄水量对地下水的出流系数 KG 及对壤中流的出流系数 KI。按蓄满产流模型计算出的产流量 R,先进入自由水蓄水库,再划分水源。自由水蓄水库结构如图 2-7 所示。

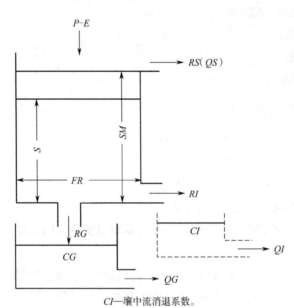

CI—壤中流消退系数。

图 2-7　自由水蓄水库结构图

水源划分计算公式为

$$MS = SM \times (1 + EX) \tag{2-11}$$

$$AU = MS \times \left[1 - \left(1 - \frac{S}{SM} \right)^{\frac{1}{1+EX}} \right] \tag{2-12}$$

$$FR = \frac{R - IM \times (P - E)}{P - E} \tag{2-13}$$

$$RG = KG \times S \times FR \tag{2-14}$$

$$RI = KI \times S \times FR \tag{2-15}$$

当 $S + P\text{-}E \leqslant SM$ 时

$$RS = 0 \tag{2-16}$$

当 $S + P\text{-}E > SM$ 时

$$RS = (S + P\text{-}E - SM) \times FR \tag{2-17}$$

式中:MS 为流域最大点自由水蓄水容量;FR 为产流面积;$P\text{-}E$ 为净雨量。

4）汇流计算

地表径流的坡地汇流（QS）时间不计，直接进入河网，计算公式为

$$QS(t)=RS(t)\times U \tag{2-18}$$

表层自由水以 RI 侧向出流后成为表层壤中流，进入河网。但如土层较厚，表层自由水尚可渗入深层土，经过深层土的调蓄作用，才进入河网。深层自由水壤中流汇流（QI）用线性水库模拟，其消退系数为 CI，计算公式为

$$QI(t)=CI\times QI(t-1)+(1-CI)\times RI(t)\times U \tag{2-19}$$

地下径流汇流（QG）用线性水库模拟，其消退系数为 CG，出流进入河网。表层自由水以 RG 向下出流后再向地下水库汇流的时间不另计，包括在 CG 之内，计算公式为

$$QG(t)=CG\times QG(t-1)+(1-CG)\times RG(t)\times U \tag{2-20}$$

式中：t 为时间；U 为单位转换系数，$U=\dfrac{F}{3.6\Delta t}$，其中 F 为流域面积（km^2），Δt 为计算时段（h）。

单元面积河网汇流（Q）采用滞后演算法，计算公式为

$$Q(t)=CS\times Q(t-1)+(1-CS)\times QT(t-L) \tag{2-21}$$

式中：$QT(t)=QS(t)+QI(t)+QG(t)$；L 为汇流滞时；CS 为河网蓄水消退系数。

单元面积以下的河道汇流用马斯京根分段演算法，马斯京根法的槽蓄方程为

$$W=KQ' \tag{2-22}$$

$$Q'=xI+(1-x)Q \tag{2-23}$$

由水量平衡方程和槽蓄方程差分求解，可得流量演算方程为

$$Q_2=C_0I_2+C_1I_1+C_2Q_1 \tag{2-24}$$

式中：K 为槽蓄曲线的坡度，等于恒定流状态下的河段传播时间，即 $K=\mathrm{d}W/\mathrm{d}Q_0$；$x$ 为河道的调蓄能力，$x=0.5-l/2D$（l 为特征河长、D 为河段长）；Q' 为示储流量，相当于河槽蓄量 W 下的恒定流流量；I 为入流流量；I_1 和 I_2 分别为时段始、末入流流量；Q_1 和 Q_2 分别为时段始、末出流流量。各系数计算公式为

$$\begin{cases} C_0=\dfrac{0.5\Delta t-Kx}{0.5\Delta t+K-Kx} \\[2mm] C_1=\dfrac{0.5\Delta t+Kx}{0.5\Delta t+K-Kx} \\[2mm] C_2=\dfrac{-0.5\Delta t+K-Kx}{0.5\Delta t+K-Kx} \end{cases} \tag{2-25}$$

$$C_0+C_1+C_2=1$$

为了满足马斯京根法在演算中流量沿河道及在时段内线性变化的要求，应取 $K\approx\Delta t$。对于长河段要进行分段演算，分段的参数计算如下

$$N=\frac{K}{\Delta t} \tag{2-26}$$

$$XE=\frac{1}{2}-N(0.5-x) \tag{2-27}$$

$$KE = \frac{K}{N} \qquad\qquad (2\text{-}28)$$

式中:N为分段数;XE与KE为马斯京根法分段连续演算参数。

2.1.5.2　有限元间水文过程模拟与预报

有限元通过河网连接,将每个有限元面积预报的流量过程通过河道洪水演算到流域出口然后叠加起来,即为整个流域的预报流量过程。河道洪水演算采用马斯京根法,圣维南方程中如果忽略惯性项,动力波就成为扩散波,相应的圣维南方程就简化为扩散波方程。马斯京根法在理论上属于扩散波,可以用于下游回水影响较小的天然河道。

马斯京根法的槽蓄方程及计算方法见式(2-22)至式(2-25)。

非线性的马斯京根法有变动参数和非线性槽蓄曲线两种处理方法。变动参数法为

$$x = \frac{1}{2} - \frac{l(Q')}{2L} \qquad\qquad (2\text{-}29)$$

$$K = \frac{L}{C(Q')} \qquad\qquad (2\text{-}30)$$

式中:C为波速。对于具体河段,$l(Q')$与$C(Q')$都可根据水文站实测资料求得,如河段的x-Q'和K'-Q'关系是线性的,可以建立x'-Q'及K'-Q'的线性方程。

在非线性槽蓄曲线法中,为了满足马斯京根法在演算中流量沿河道及在时段内线性变化的要求,应取$K \approx \Delta t$。对于长河道要进行分段演算,分段的参数计算见式(2-26)至式(2-28)。

2.1.6　有限元及变动有限元

本方法中,流域有限元分布是可变动的,当流域下垫面的属性发生变化或流域的雨量站控制密度发生改变时,可调整流域的有限元分布,有限元控制的分布式水文模型则根据新的流域内的有限元分布进行组合,其中各类有限元模型的参数不变,调整后的有限元面积集合不变。

有限元分析的主要内容是研究单元(有限元),所以需要构建各种各样的具有代表性的单元,实际上就是对研究流域进行剖分。结合雨量站的分布,基于DEM,分析山地、平原、农田、森林、水面、城镇等土地覆盖和土地利用特征,考虑水利工程等人类活动的影响,把下垫面特征相似的网格划分在一起,成为分布式水文模型的计算单元,即有限元。受人类活动的持续影响,流域下垫面特征随着时间和空间的变化而变化,这种变化可能会导致地下水位改变和包气带厚度变化。因此,流域内的有限元分布需要重新组合,相应参数也需要重新调整。

流域有限元分布是可变动的,可根据下垫面改变、报汛雨量站增加的情况,调整有限元范围,修正有限元的参数,实现变动有限元控制及下垫面参数动态控制。当流域下垫面的属性发生变化(草地变成农田,农田变成水面或城镇等)或流域的降水站控制密度发生改变时,可调整流域的有限元分布,该调整是通过有限元分布控制开关实现的。有限元控制的分布式水文模型则根据新的流域内的有限元分布进行组合,调整后的有限元面积的总和不变。有限元模型中的流域蓄水能力参数是可变动的,当人类活动改变了下垫面的持水能力时,如

流域地下水的开发导致包气带厚度发生变化,通过多年资料建立各站点的地下水埋深与蓄水容量关系,修正有限元模型蓄水容量参数。

变动有限元将流域水文气象及下垫面的动态特性引入单元性质中,以其动态特性为基础改变单元的性质,使之成为与降水 – 径流响应相似的高精度单元。变动有限元控制分布式水文模型实现了动态雨量分辨、下垫面分散控制,充分考虑山地、平原、水面、农田、森林、城区、水利工程等及降水密度控制,可以实现流域内计算控制单元随雨量控制密度、下垫面条件变化而变化,即在报汛雨量站增加、下垫面改变的情况下,实时预报系统可以通过变动控制开关,按雨量控制密度、人类活动对下垫面的影响而改变流域内的计算单元,进行预报作业,简单方便且更加契合实际,提高预报精度。

本课题的研究还实现了变动参数修正下垫面变化控制的水文模型,即下垫面参数动态控制。各单元模型蓄水参数可以随着下垫面变化进行调整,依据不同的下垫面变化特征,选用不同模型蓄水参数,可适合不同下垫面以及人类活动影响下的水文预报及计算。动态有限元示意图如图 2-8 所示。

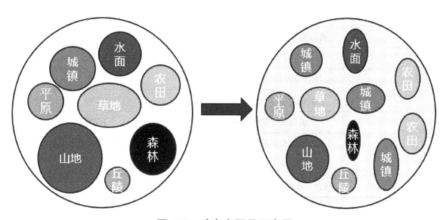

图 2-8　动态有限元示意图

2.1.7　有限元及变动有限元参数

有限元模型中的流域蓄水能力参数是可变动的,当改变下垫面的持水能力时,通过地下水埋深与蓄水容量关系对应修正有限元模型的蓄水容量参数。

有限元分布的调整是通过有限元分布控制开关实现的,有限元模型参数的变动是通过有限元模型控制开关实现的。

利用三水源计算产流,利用线性水库计算坡面汇流,每个有限元具有单一的下垫面属性且具有独立而特定的模型参数,各有限元模型参数见表 2-1 至表 2-8。

表2-1　水面有限元模型参数

序号	参数	符号	参数值
1	蒸散发折算系数	K	0.8~0.9
2	流域蓄水容量分布曲线指数	B	1
3	深层散发系数	C	0
4	流域平均张力水容量（mm）	WM	0
5	上层张力水容量（mm）	WUM	0
6	下层张力水容量（mm）	WLM	0
7	不透水面积比	IM	1
8	流域平均自由水容量（mm）	SM	0
9	流域自由水容量分布曲线指数	EX	1

表2-2　丘陵有限元模型参数

序号	参数	符号	参数值
1	蒸散发折算系数	K	0.8~0.9
2	流域蓄水容量分布曲线指数	B	0.33
3	深层散发系数	C	0.15
4	流域平均张力水容量（mm）	WM	160~200
5	上层张力水容量（mm）	WUM	15~25
6	下层张力水容量（mm）	WLM	60~100
7	不透水面积比	IM	0.01
8	流域平均自由水容量（mm）	SM	40~70
9	流域自由水容量分布曲线指数	EX	1

表2-3　山地有限元模型参数

序号	参数	符号	参数值
1	蒸散发折算系数	K	0.8~0.9
2	流域蓄水容量分布曲线指数	B	0.33
3	深层散发系数	C	0.15
4	流域平均张力水容量（mm）	WM	180~220
5	上层张力水容量（mm）	WUM	15~35
6	下层张力水容量（mm）	WLM	60~100
7	不透水面积比	IM	0.01
8	流域平均自由水容量（mm）	SM	40~60
9	流域自由水容量分布曲线指数	EX	1

表 2-4　平原有限元模型参数

序号	参数	符号	参数值
1	蒸散发折算系数	K	0.8~0.9
2	流域蓄水容量分布曲线指数	B	0.33
3	深层散发系数	C	0.15
4	流域平均张力水容量(mm)	WM	140~180
5	上层张力水容量(mm)	WUM	15~25
6	下层张力水容量(mm)	WLM	60~100
7	不透水面积比	IM	0.01
8	流域平均自由水容量(mm)	SM	45~75
9	流域自由水容量分布曲线指数	EX	1

表 2-5　农田有限元模型参数

序号	参数	符号	参数值
1	蒸散发折算系数	K	0.8~0.9
2	流域蓄水容量分布曲线指数	B	0.33
3	深层散发系数	C	0.15
4	流域平均张力水容量(mm)	WM	190~230
5	上层张力水容量(mm)	WUM	30~50
6	下层张力水容量(mm)	WLM	80~120
7	不透水面积比	IM	0.01
8	流域平均自由水容量(mm)	SM	55~85
9	流域自由水容量分布曲线指数	EX	1

表 2-6　森林有限元模型参数

序号	参数	符号	参数值
1	蒸散发折算系数	K	0.8~0.9
2	流域蓄水容量分布曲线指数	B	0.33
3	深层散发系数	C	0.15
4	流域平均张力水容量(mm)	WM	180~220
5	上层张力水容量(mm)	WUM	20~40
6	下层张力水容量(mm)	WLM	60~100
7	不透水面积比	IM	0.01
8	流域平均自由水容量(mm)	SM	50~70
9	流域自由水容量分布曲线指数	EX	1

表 2-7　草地有限元模型参数

序号	参数	符号	参数值
1	蒸散发折算系数	K	0.8~0.9
2	流域蓄水容量分布曲线指数	B	0.33
3	深层散发系数	C	0.15
4	流域平均张力水容量（mm）	WM	180~220
5	上层张力水容量（mm）	WUM	20~40
6	下层张力水容量（mm）	WLM	60~100
7	不透水面积比	IM	0.01
8	流域平均自由水容量（mm）	SM	45~75
9	流域自由水容量分布曲线指数	EX	1

表 2-8　城镇有限元模型参数

序号	参数	符号	参数值
1	蒸散发折算系数	K	0.8~0.9
2	流域蓄水容量分布曲线指数	B	0.33
3	深层散发系数	C	0.15
4	流域平均张力水容量（mm）	WM	120~180
5	上层张力水容量（mm）	WUM	10~20
6	下层张力水容量（mm）	WLM	55~85
7	不透水面积比	IM	0.4~0.6
8	流域平均自由水容量（mm）	SM	35~55
9	流域自由水容量分布曲线指数	EX	1

2.1.8　蓄水容量与地下水埋深关系简要分析

地下水埋深变化对径流的影响是通过影响包气带厚度来反映的。地下水位降低,包气带厚度增大,降水补充包气带水量变大,产生的径流量就会减少。

地下水埋深与平均张力水容量（WM）的关系是通过流域内有限元的地下水代表站与不同地下水埋深的有限元模型建立的,且每个有限元模型都具有对应的蓄水容量参数,地下水埋深与蓄水容量关系参数见表 2-9。

表 2-9　地下水埋深与蓄水容量关系参数

平原地区		山丘及高地	
平均张力水容量（mm）	地下水埋深（m）	平均张力水容量（mm）	地下水埋深（m）
150	1.4~2.0	150	7.0~8.5
160	2.0~2.5	160	8.5~10.0

平原地区		山丘及高地	
平均张力水容量（mm）	地下水埋深（m）	平均张力水容量（mm）	地下水埋深（m）
180	2.5~6.0	180	10.0~14.0
200	6.0~8.0	200	14.0~18.0
>200	>8.0	>200	>18.0

通过以上有关有限元方法的概述,可以得到有限元控制的分布式水文模型的建模方法,并通过流域有限元的划分,解决流域水文模拟计算中的非线性问题的线性尺度,通过有限元分布控制开关,解决由于人类活动所导致的流域下垫面属性、流域持水能力及降水密度的改变对水文模拟的影响,以适应在人类活动影响条件下的水文模拟及预报的要求。本方法具备计算时间短、参数易率定、适应性强、计算结果精确度高的优点。

2.2　于桥水库基本情况

于桥水库位于天津市北部蓟州区城东 4 km 的州河上,坝址地理坐标为 117°25′E, 40°02′N。库区位于燕山山脉边缘,是一座山谷与平原过渡型盆地水库。于桥水库以上控制流域面积 2 060 km²,占州河流域总面积的 96%。于桥水库以上流域共涉及 3 个地区的 5 个县（市）。其中,唐山地区的总面积达到了流域面积的 59.3%,涉及的 3 个县（市）分别为遵化市、玉田县和迁西县;承德市兴隆县南部地区有 397.5 km² 处于流域内,占流域总面积的 19.3%;天津市蓟州区有 440.2 km² 处于流域之中,占流域总面积的 21.4%。

于桥水库始建于 1959 年 12 月,1960 年 7 月完成第一期工程——大坝、放水洞工程,采取只拦洪不蓄水的运行方式,1970 年正式投入蓄水使用,为农灌水库,正常蓄水位为 18.65 m,兴利库容为 1.69×10⁸ m³。1982 年为解决天津市城市缺水问题,兴建了大型“引滦入津”输水工程,该工程将滦河水系的水,经 12.394 5 km 长隧洞,引入黎河,进入于桥水库。作为“引滦入津”输水工程的调蓄水库,于桥水库在 1983 年 9 月接受了大坝加固工程,坝高增加到 28.72 m,正常蓄水位为 21.16 m,兴利库容为 3.85×10⁸ m³。

2.3　流域剖分技术

影响流域出口断面流量过程的降水、蒸发等气象因子和地形、地貌、土壤、植被、水文地质条件等下垫面因子在现实世界中均呈现空间分布不均匀状态。水文学家提出的下渗容量面积分布曲线、流域蓄水容量曲线和地形指数分布曲线,只能从统计上描述下垫面因子空间分布不均匀,不能给出下垫面因子具体的空间分布。所以,它们不能同时考虑气候因子空间分布不均对流域降水－径流形成的影响。因此,寻求能够描写下垫面因子真实空间分布的方法,就成为研制分布式水文模型必须解决的关键问题。

径流实验、水文实测、雷达测雨、DEM 和土壤植被遥感图像等组成的水文大数据日益丰富,为考虑降水和下垫面因子空间分布不均匀及流域分单元等因素提供了重要技术支撑。基于水文大数据,对下垫面因子的空间分布进行离散化表达,旨在将整个流域按一定原则和方法划分成若干个单元流域,以离散数据分布形式给出下垫面因子的空间分布已逐步成为可能。

2.3.1　自然子流域划分法

自然子流域划分法按照水系分布划分子流域,有 2 种方法:①以流域的数字高程模型DEM 数据为基础,根据生成的集水面积和水系流向,加载出口点数据,用数字化技术自动生成子流域;②在一定比例尺的地形图上用手动勾画分水线来划分子流域。

2.3.2　网格子流域划分法

将每个 DEM 栅格作为一个子流域处理,利用模型计算出当前栅格的产流量,然后根据栅格间的计算次序,将当前栅格上的产流按照一维扩散波法或马斯京根逐栅格演算法等汇流算法演算至下一栅格,直至流域出口。该方法能充分反映降水和下垫面空间分布的不均匀性,但是未把下垫面均匀的网格划分在一起,每个子流域的模型参数一般是不同的。由于不可能在每个子流域都设站收集水文气象资料,如果试图根据流域出口断面水文资料来率定众多的子流域模型参数,将难以解得物理意义明确的参数值。

2.3.3　单元嵌套网格划分法

根据水系分布划分子流域与根据网格划分子流域都有其优缺点,将两者结合,提出单元嵌套网格划分法。根据 DEM 找到流域的基本单元,即单元内再找不到分水线,仅有一条河流。流域由水系和坡面组成,水系由大大小小的河流交汇而成。在水系中的这条河与那条河之间也必存在分水线,它们之所以是两条河,就是因为在它们之间有一条分水线。因此,一个流域若按内部的分水线又可划分成若干个比较小的流域。在这些比较小的流域内部,又可以根据其内部分水线分成更小的流域。这样不断地分下去,最终的结果无法再分了。这种无法再分成更小的流域,就叫作流域基本单元。找到流域基本单元后,再在基本单元内分网格。这样的单元嵌套网格划分法避免了分水线在子流域间穿插,也避免了网格之间存在水流交换的问题,且能较充分地反映降水和下垫面空间分布的不均匀性对产流、汇流等水文过程的影响。与网格划分子流域类似,这种划分方法也未把下垫面均匀的网格划分在一起,给参数率定带来很大的困难。

2.3.4　有限元划分法

2.3.4.1　有限元法

有限元方法的思想最早可以追溯到古人的"化整为零""化圆为直"的方法,如曹冲称象的典故,我国古代数学家刘徽采用割圆法来对圆周长进行计算。这些实际上都体现了离散逼近的思想,即采用大量的简单小物体来"充填"出复杂的大物体。早在 1870 年,英国科学家 Rayleigh 就采用假想的"试函数"来求解复杂的微分方程,1909 年 Ritz 将其发展成为完善的数值近似方法,为现代有限元方法打下坚实基础。1943 年,Courant 对 Ritz 法做了极为重要的推广,求解了扭转问题。1960 年,Clough 第一次提出并使用有限元方法。该方法的提出引起了广泛的关注,随着计算机技术的快速发展,该方法的发展和应用迅速前进。有限元法已应用到三维问题、材料非线性和几何非线性问题、与时间有关的问题,以及结构分析以外许多领域内的问题,如流体流动、热传导和电磁场分析。概括起来,有限元法可以解决平衡问题、特征值问题和传播问题,尚未发现采用有限元法探究水文规律的研究。

有限元分析的最大特点是标准化和规范性,这种特点使得大规模分析和计算成为可能。实现有限元分析标准化和规范性的载体是单元,这就需要构建起各种各样的具有代表性的单元。一旦有了这些单元,就好像建筑施工中有了一些标准的预制构件(如梁、楼板等),可以按设计要求搭建出各种各样的复杂结构。有限元分析的最主要内容就是研究单元。

2.3.4.2　有限元法剖分流域

有限元方法是现代数字化科技的一种重要基础性原理,将它应用于水文科学的研究中,可成为探究水文物理规律的先进手段。鉴于流域剖分方法在参数率定以及描述流域产汇流规律方面都有一定的限制,本课题首次提出采用有限元划分法对流域进行剖分。

2.4　数据准备与模型率定

模型率定需要准备的资料有雨量观测数据、水面蒸发观测数据、流域出口断面流量过程数据、数字高程数据、土地利用与土地覆盖数据、土壤数据、植被覆盖数据等。模型输入:面平均雨量 P、蒸散发能力的蒸发皿观测值 EM。模型输出:出流量 TQ、蒸散发量 E(分为上层 EU、下层 EL 和深层 ED)。状态变量:蓄水量 W(分为上层 WU、下层 WL 和深层 WD)、平均自由水蓄量 S。FR 是产流面积,RB 是不透水面积上的直接径流量,R 是透水面积上的产流量(分为地表 RS、壤中 RI 和地下 RG),Q 是单元总出流(分为地表 QS、壤中 QI 和地下 QG)。

河网汇流计算有滞后演算法、马斯京根法等。当河网汇流采用滞后演算法时,单元的新安江模型有 15 个参数;当河道汇流采用马斯京根法时,总共有 17 个参数。根据其物理意义与在模型中的作用可以分为 4 类。

(1)蒸发参数:K、WUM、WLM、C。其中,K 为蒸散发折算系数,WUM 为上层张力水蓄水容量,WLM 为下层张力水蓄水容量,C 为深层蒸散发系数。

(2)产流参数:WM、B、IM。其中,WM 为张力水蓄水容量,B 为张力水蓄水容量曲线指数,IM 为不透水面积比。

(3)划分水源参数:SM、EX、KG、KI。其中,SM 自由水蓄水容量,EX 为自由水蓄水容量曲线指数，KG 为地下水出流系数，KI 为壤中流出流系数。

（4）汇流参数：CG、CI、CS、L。其中，CG 为地下水消退系数，CI 为壤中流消退系数，CS 为河网流消退系数，L 为单元流域汇流滞时。

对于单元流域的新安江模型，有 7 个参数比较敏感，分别是 K、SM、KG、KI、CG、CS 和 L。

根据已有的应用经验，WUM、WLM、C、IM、CI 一般都被认为是不敏感参数，取一般常用值即可；WM 与 B 有关，根据其物理概念，WM 取 100~200 mm，B 为 0.1~0.4，其也是不敏感参数；SM 与 EX 有关，EX 变化不大，可取定值 1.5；CG 可根据枯季退水资料直接求得。剩下尚有 K，SM、KG、KI、L、CS。由于采用了蓄满产流概念，参数率定可按照蒸散发－产流－分水源－汇流的顺序进行，各类之间的参数基本上是相互独立的。

据此，有限元分布式模型参数的率定可以归纳为如下步骤：

①确定各个参数的初值；

②用日径流模型优化 K 与 WM；

③用日径流模型优化 SM 与 KG，采用结构性约束 $KG+KI=0.7$；

④用次洪模型优化 L 与 CS。

此外，由于 SM 受降水量在时段内被均化处理的影响，用日径流模型率定出的参数值将偏小，需在次洪模型的应用中重新率定。

每个有限元具有单一的下垫面属性，通过率定，每个有限元均可以得到一组独立而特定的模型参数。

2.4.1　资料选取与流域划分

收集了 14 个站的日、时段降水量及前毛庄、水平口等主要干流站的流量和于桥水库的放水资料，并采用水库的库面蒸发资料作为于桥水库以上流域的蒸发值。

于桥水库以上流域三个主要区间的出口控制站分别为前毛庄、水平口、龙门口。龙门口水库始建于 1976 年，水库总库容仅 1×10^6 m³。2006 年 3 月龙门口水库扩建完成，2012 年 5 月原龙门口水文站下移设置为淋河桥站，控制面积由原来的 126 km² 增加到 226 km²，以 2012 年以后的实际流域情况为准，将于桥水库流域以上集水区域分为前毛庄、水平口、淋河桥、库区间 4 个一级子流域，其中每个一级子流域再用自然子流域方法来划分二级子流域，划分原则是尽可能多地利用水文站作为子流域的控制断面。根据流域内雨量站和水文站的布设情况以及自然流域的边界，用 Arcgis 软件把流域（包括于桥水库库面）划分为 17 个二级子流域，如图 2-9 所示。在二级子流域内考虑山地、平原、农田、森林、水面、城镇、丘陵、草地等不同的下垫面属性情况，再划分为若干个有限元。一、二级子流域代表雨量站及有限元的划分见表 2-10。

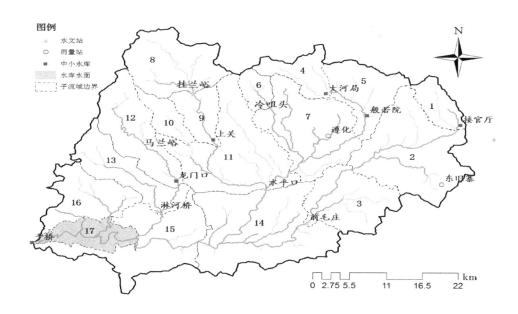

图 2-9　于桥水库水系站点及子流域分布图

表 2-10　于桥水库一、二级子流域代表雨量站及有限元的划分

一级子流域		二级子流域		代表雨量站名	二级子流域内有限元类型个数
名称	面积(km²)	序号	面积(km²)		
前毛庄	402	子流域1	30	接官厅	2
		子流域2	246	东旧寨	4
		子流域3	126	前毛庄	4
水平口	799	子流域4	25	大河局	2
		子流域5	130	般若院	3
		子流域6	20	冷咀头	2
		子流域7	199	遵化	7
		子流域8	145	挂兰峪	3
		子流域9	30	上关、挂兰峪	2
		子流域10	30	马兰峪	2
		子流域11	220	水平口、马兰峪	5
龙门口	226	子流域12	126	龙门口、新村	3
		子流域13	100	淋河桥	3
于桥水库区间	633	子流域14	102	淋河桥	4
		子流域15	254	水平口、柴王店、前毛庄	4
		子流域16	190	淋河桥、柴王店	3
		子流域17	87	于桥	1

2.4.2　模型特点比较

为便于比较基于有限元控制的分布式水文模型模拟结果,同时选择了 CASC2D 分布式水文模型、网格新安江分布式水文模型(GRID-XAJ)对历史洪水进行模拟,各模型特点的比较见表 2-11。

表 2-11　各模型特点一览表

模型	流域单元划分	参数率定
CASC2D 分布式水文模型	采用正交网格划分单元流域	模型参数有:植物截留深度;土壤饱和水力传导度,毛管水头,土壤缺水量;坡面的曼宁糙率系数;河道的宽度、深度、糙率等。这些参数都是栅格式空间分布的,其中植物截留深度与栅格的土地利用相关,下渗参数与土壤类型相关。河道宽度和深度等参数的率定应以实际资料为参考。一般采用人工试错法进行参数率定
网格新安江分布式水文模型	将每个 DEM 栅格作为一个子流域处理,利用新安江模型计算出当前栅格的产流量,然后根据栅格间的计算次序,将当前栅格上的产流按照一维扩散波法或马斯京根逐栅格演算法演算至下一栅格,直至流域出口	模型中有些参数可以直接通过每个栅格单元的土壤类型和植被覆盖类型估计,如 LAI、LAI_{max} 与 hlc 及 n_h;有些参数可以通过其物理意义,与土壤类型及植被覆盖之间建立关系,如 WM、WUM、WIM、S_M、K_i、K_g、C、S_e 与 A_0;有些参数可以通过地貌特征获取,如 L_{ch}、W_{ch}、S_{ch}、S_{oc}、n_c、f_{ch} 与河道形状;由于滞后演算法参数 C_s 与 Lag 反映的是整个流域河网的调蓄能力,因此对这两个参数采取的是集总式考虑。剩余的参数,包括 K、k_e、x_e、C_i 与 C_g,假定它们的取值在空间分布均匀,采用的是流域内统一赋值的方法
基于有限元控制的分布式水文模型	有限元就是网格的集合,是根据下垫面特性,考虑山地、平原、农田、森林、水面、城镇、水利工程等,结合现有的降水监测密度,把网格合并起来,就是基于有限元控制的分布式水文模型	蒸散发参数:K、UM、LM、C; 产流参数:WM、B、IM; 分水源参数:SM、EX、KG、KI; 汇流参数:CG、CI、CS、L; 河道演算参数:XE、KE、N。 WM、UM、LM、B、C、IM 都不敏感,按一般经验值即可,不需要优选。EX 的变化范围不大,一般在 1~2,在优选参数时待定的参数有 K、SM、KG/KI、CG、CI、CS 共 6 个,参数率定有客观优化及单纯形优化算法等

2.4.3　流域平均张力水容量与地下水埋深的关系分析

地下水埋深变化对径流的影响是通过影响包气带厚度来反映的。地下水位降低,包气带厚度增大,降水补充包气带水量变大,产生的径流量就会减少。选取于桥水库流域内地下水位观测站 4 处,分别为泉水头站、大柳树站、南新城站和新店子站,统计得出其历年的年平均埋深、年最大埋深、年最小埋深 3 个特征值,如图 2-10 至图 2-13 所示。

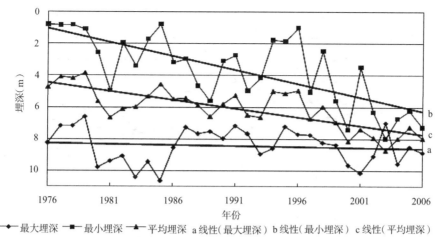
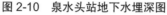

图 2-10　泉水头站地下水埋深图

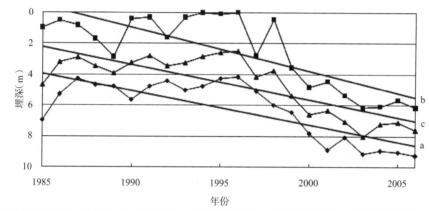

图 2-11　大柳树站地下水埋深图

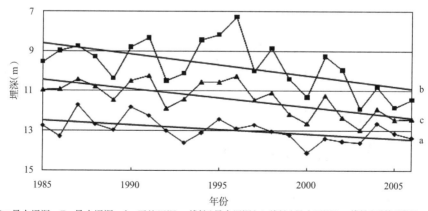

图 2-12　南新城站地下水埋深图

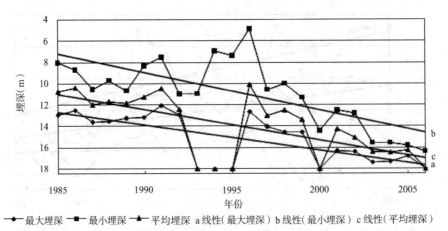

图 2-13　新店子站地下水埋深图

对系列数据的分析发现，4 处地下水位站的年平均埋深、年最大埋深、年最小埋深 3 个统计特征值全部呈增大趋势。从各站地下水埋深的多年变化情况看，地下水位的下降，增加了包气带的厚度，提高了田间持水能力，从而导致汇出径流量的减少。

流域平均张力水容量可由下式计算：

$$WM = \left(\theta_{fc} - \theta_{wp}\right) \times L_a \tag{2-31}$$

式中：θ_{fc} 为田间持水量体积含水率（无量纲），θ_{wp} 为凋萎含水量体积含水率（无量纲），两者均可以根据流域土壤类型通过查土壤参数统计表获取；L_a 为包气带厚度（单位：mm）。因此，只要知道每个单元的 L_a 即可获得 WM 在流域的空间分布。

在自然界中，影响包气带厚度的因素较多，很难进行直接推求。L_a 可通过与地形指数及土壤类型对应的土壤水分常数进行估算，可假定地形指数大的地方包气带较薄，而地形指数小的地方包气带较厚，这与实际情况也基本相符。一般而言，流域内地形指数大的地方大多位于河道附近，而这些区域的地下水埋深较浅，包气带较薄；相反，地形指数小的地方基本位于流域的上游山坡，远离河道，包气带较厚。因此，可以假设流域上地形指数最大的单元对应的张力水容量最小，而地形指数最小的单元对应的张力水容量最大。

又因为 WM 表示土层最大可能缺水量，与包气带厚度有关。地下水埋深大，包气带厚度大，蓄满包气带所需水量增大，即 WM 加大；反之亦然。将地形指数与地下水埋深相结合，改进式（2-31），可得

$$WM = S_{up}[1 - \max(L_{TO} - L_{VE})] \tag{2-32}$$

$$L_{TO} = \frac{TO - TOPO}{TO_{max} - TOPO} \quad 0 \leqslant L_{TO} \leqslant 1 \tag{2-33}$$

$$L_{VE} = \frac{VE - VERT}{VE_{min} - VERT} \quad 0 \leqslant L_{VE} \leqslant 1 \tag{2-34}$$

式中：S_{up} 表示流域最大缺水量；TO 表示地形指数；TO_{max} 表示最大地形指数值；$TOPO$ 表示地形指数阈值；VE 表示地下水埋深；VE_{min} 表示地下水最小埋深值；$VERT$ 表示地下水埋深阈

值。由上式可知,WM 值随着地下水埋深的增加而增加。

地下水位监测站位置如图 2-14 所示。分别选取新店子站代表前毛庄子流域内张力水容量与地下水埋深资料,泉水头站代表水平口子流域,利用代表站地下水埋深与张力水容量进行定量分析,建立地下水埋深与张力水容量的关系,如图 2-15 至图 2-18 所示。可以看出随着年代的推移,地下水埋深增加,相应的张力水容量也在增大。

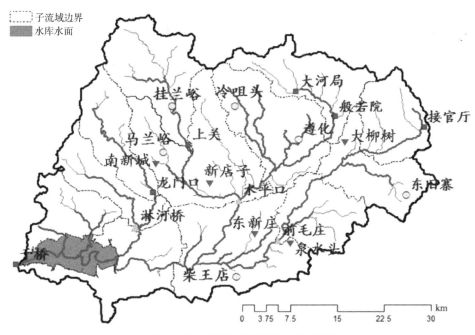

图 2-14　地下水位监测站位置示意图

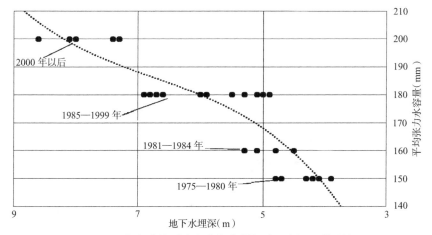

图 2-15　泉水头站平均张力水容量与地下水埋深关系图

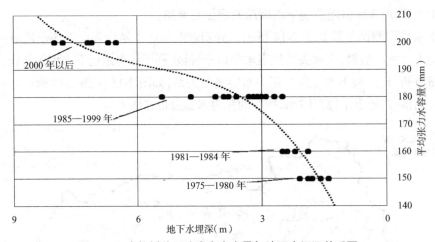

图 2-16　大柳树站平均张力水容量与地下水埋深关系图

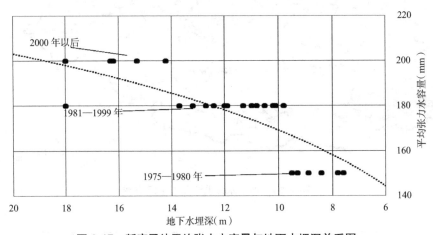

图 2-17　新店子站平均张力水容量与地下水埋深关系图

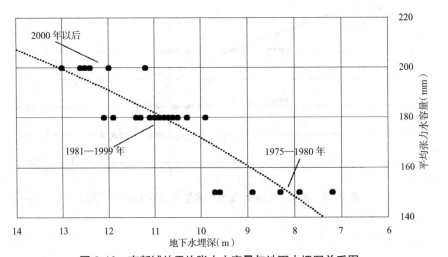

图 2-18　南新城站平均张力水容量与地下水埋深关系图

2.4.4　前毛庄子流域模型率定模拟

前毛庄子流域位于于桥水库流域的上游,在河北省遵化市境内,控制面积为 420 km²。黎河为该流域内的主要河流,河流长度为 74 km,平均坡度为 5.1%。1982 年,为了解决天津市城市缺水问题,兴建了大型"引滦入津"输水工程,该工程穿越分水岭之后,经 12.394 5 km 长的隧洞,沿黎河通过前毛庄水文站进入天津市境内的于桥水库。前毛庄子流域地表径流主要集中于暴雨季节,"引滦入津"工程通水后,成为输水河道,故黎河来水包括本流域降水径流与引滦水两部分,即将"引滦入津"的水作为前毛庄流域的入流处理。

接官厅水库位于于桥水库的上游,东经 118° 12′ 00″,北纬 40° 13′ 00″,于 1958 年 12 月建成,总库容为 5.61×10^6 m³,兴利库容为 3.13×10^6 m³,集水面积为 30 km²,为防洪、灌溉发挥了巨大的作用。运行模型时,该水库的实测出库流量作为前毛庄流域的入流处理。该流域内有接官厅、东旧寨、前毛庄 3 个雨量站,利用自然子流域划分方法分为 3 个二级子流域,如图 2-19 所示。各二级子流域及有限元的划分见表 2-12。

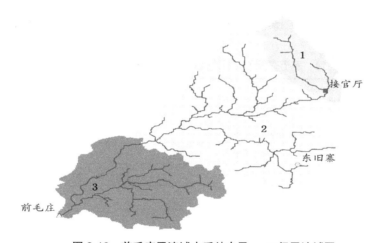

图 2-19　前毛庄子流域水系站点及一、二级子流域图

表 2-12　前毛庄子流域代表雨量站及二级子流域有限元划分

一级子流域		二级子流域		代表雨量站名	二级子流域内有限元类型个数
名称	面积(km²)	序号	面积(km²)		
前毛庄	402	子流域 1	30	接官厅	2
		子流域 2	246	东旧寨	4
		子流域 3	126	前毛庄	4

采用前毛庄子流域 4 个时期内的典型洪水资料系列进行洪水模拟。表 2-13 为前毛庄子流域洪水起止时间表。根据资料的完整性和预见期的要求,选用 1 h 作为次洪的预报时段。

表 2-13　前毛庄子流域洪水起始时间（1978—2012 年）

序号	年份	开始时间	结束时间
1	1978	1978-7-24 22:00:00	1978-7-27 19:00:00
2	1978	1978-8-8 8:00:00	1978-8-11 0:00:00
3	1978	1978-8-26 15:00:00	1978-8-28 20:00:00
4	1984	1984-8-9 20:00:00	1984-8-11 12:00:00
5	1994	1994-7-12 17:00:00	1994-7-14 15:00:00
6	2012	2012-7-27 8:00:00	2012-7-31 7:00:00
7	2012	2012-7-31 8:00:00	2012-8-6 8:00:00

2.4.4.1　基于有限元控制的分布式水文模型率定与分析

根据流域年降水径流相关图分析结果,利用基于有限元控制的分布式水文模型进行模拟率定时,把历史资料划分为 4 个时期,分别为:1960—1980 年,1981—1984 年,1985—1999 年,2000 年后。有限元分布式模型综合参数见表 2-14,各时期的不同参数值见表 2-15。

表 2-14　基于有限元控制的分布式水文模型次模综合参数

序号	参数	符号	参数值
1	蒸散发折算系数	K	0.8
2	流域蓄水容量分布曲线指数	B	0.33
3	深层散发系数	C	0.15
4	上层张力水容量（mm）	WUM	20
5	下层张力水容量（mm）	WLM	80
6	不透水面积比	IM	0.01
7	流域自由水容量分布曲线指数	EX	1
8	地下水出流系数	KG	0.5
9	壤中流出流系数	KI	0.2
10	地下水消退系数	CG	0.998
11	壤中流消退系数	CI	0.99
12	河道汇流的马斯京根法系数	X	0.2
13	时段	TT	1
14	二级子流域数	NA	3
15	入流个数	IA	2
16	河网汇流滞时	L	0

表 2-15 各时期有限元分布式模型的不同参数

参数	1960—1980 年	1981—1984 年	1985—1999 年	2000 年后
WM（mm）	150	160	180	200
SM（mm）	40	52	55	60
CS	0.12	0.1	0.12	0.12

前毛庄子流域中有水面、平原、山地、丘陵等不同属性的下垫面,有限元模型参数选取略有不同。各二级子流域内不同有限元参数通过历史洪水模拟计算,集总为一级子流域有限元分布式模型的综合参数,WM（流域平均张力水容量）、SM（流域平均自由水容量）、CS（河网消退系数）不同时期取不同值。其他一、二级子流域及有限元的综合参数处理方法相同。

在土壤质地均匀的情况下,WM 与土壤层厚度成正比关系,坡向、植被及地形坡度均影响到土壤层厚度,就坡度而言,同一流域内土壤层厚度随地形坡度的增大而减小。燕山地区 WM 均值 180 mm 左右,平原区 200 mm 左右,丘陵区 180 mm 左右,山地 160 mm 左右。

SM 反映表土蓄水能力,主要由植被类型及腐殖质土厚度决定。于桥水库植被茂盛,SM 值较大,平原区可达 60 mm 左右,丘陵区 55 mm 左右,山地 50 mm 左右。水域及城市建设用地,降雨量减去蒸发量后直接得出产流量,不再有其他损失,WM 和 SM 均取 0。各不同属性下垫面有限元模型参数选取见表 2-16 至表 2-23。

表 2-16 城镇有限元模型参数

序号	参数	符号	参数值
1	蒸散发折算系数	K	0.8
2	流域蓄水容量分布曲线指数	B	0.33
3	深层散发系数	C	0.15
4	流域平均张力水容量（mm）	WM	150
5	上层张力水容量（mm）	WUM	15
6	下层张力水容量（mm）	WLM	70
7	不透水面积比	IM	0.6
8	流域平均自由水容量（mm）	SM	45
9	流域自由水容量分布曲线指数	EX	1
10	地下水出流系数	KG	0.5
11	壤中流出流系数	KI	0.2
12	地下水消退系数	CG	0.998
13	壤中流消退系数	CI	0.99
14	河网流消退系数	CS	0.5
15	河道汇流的马斯京根法系数	X	0.2
16	河网汇流滞时	L	0

表 2-17　水面有限元模型参数

序号	参数	符号	参数值
1	蒸散发折算系数	K	0.9
2	流域蓄水容量分布曲线指数	B	1
3	深层散发系数	C	0
4	流域平均张力水容量(mm)	WM	0
5	上层张力水容量(mm)	WUM	0
6	下层张力水容量(mm)	WLM	0
7	不透水面积比	IM	1
8	流域平均自由水容量(mm)	SM	0
9	流域自由水容量分布曲线指数	EX	1
10	地下水出流系数	KG	0
11	壤中流出流系数	KI	0
12	地下水消退系数	CG	0
13	壤中流消退系数	CI	0
14	河网流消退系数	CS	0
15	河道汇流的马斯京根法系数	X	0
16	河网汇流滞时	L	0

表 2-18　丘陵有限元模型参数

序号	参数	符号	参数值
1	蒸散发折算系数	K	0.8
2	流域蓄水容量分布曲线指数	B	0.33
3	深层散发系数	C	0.15
4	流域平均张力水容量(mm)	WM	180
5	上层张力水容量(mm)	WUM	20
6	下层张力水容量(mm)	WLM	80
7	不透水面积比	IM	0.01
8	流域平均自由水容量(mm)	SM	55
9	流域自由水容量分布曲线指数	EX	1
10	地下水出流系数	KG	0.5
11	壤中流出流系数	KI	0.2
12	地下水消退系数	CG	0.998
13	壤中流消退系数	CI	0.99
14	河网流消退系数	CS	0.12
15	河道汇流的马斯京根法系数	X	0.2
16	河网汇流滞时	L	0

表 2-19　山地有限元模型参数

序号	参数	符号	参数值
1	蒸散发折算系数	K	0.8
2	流域蓄水容量分布曲线指数	B	0.33
3	深层散发系数	C	0.15
4	流域平均张力水容量(mm)	WM	200
5	上层张力水容量(mm)	WUM	25
6	下层张力水容量(mm)	WLM	80
7	不透水面积比	IM	0.01
8	流域平均自由水容量(mm)	SM	50
9	流域自由水容量分布曲线指数	EX	1
10	地下水出流系数	KG	0.5
11	壤中流出流系数	KI	0.2
12	地下水消退系数	CG	0.998
13	壤中流消退系数	CI	0.99
14	河网流消退系数	CS	0.12
15	河道汇流的马斯京根法系数	X	0.2
16	河网汇流滞时	L	0

表 2-20　平原有限元模型参数

序号	参数	符号	参数值
1	蒸散发折算系数	K	0.8
2	流域蓄水容量分布曲线指数	B	0.33
3	深层散发系数	C	0.15
4	流域平均张力水容量(mm)	WM	160
5	上层张力水容量(mm)	WUM	20
6	下层张力水容量(mm)	WLM	80
7	不透水面积比	IM	0.01
8	流域平均自由水容量(mm)	SM	60
9	流域自由水容量分布曲线指数	EX	1
10	地下水出流系数	KG	0.5
11	壤中流出流系数	KI	0.2
12	地下水消退系数	CG	0.998
13	壤中流消退系数	CI	0.99
14	河网流消退系数	CS	0.12
15	河道汇流的马斯京根法系数	X	0.2
16	河网汇流滞时	L	0

表 2-21　农田有限元模型参数

序号	参数	符号	参数值
1	蒸散发折算系数	K	0.8
2	流域蓄水容量分布曲线指数	B	0.33
3	深层散发系数	C	0.15
4	流域平均张力水容量（mm）	WM	210
5	上层张力水容量（mm）	WUM	40
6	下层张力水容量（mm）	WLM	100
7	不透水面积比	IM	0.01
8	流域平均自由水容量（mm）	SM	70
9	流域自由水容量分布曲线指数	EX	1
10	地下水出流系数	KG	0.5
11	壤中流出流系数	KI	0.2
12	地下水消退系数	CG	0.998
13	壤中流消退系数	CI	0.99
14	河网流消退系数	CS	0.12
15	河道汇流的马斯京根法系数	X	0.2
16	河网汇流滞时	L	0

表 2-22　森林有限元模型参数

序号	参数	符号	参数值
1	蒸散发折算系数	K	0.8
2	流域蓄水容量分布曲线指数	B	0.33
3	深层散发系数	C	0.15
4	流域平均张力水容量（mm）	WM	200
5	上层张力水容量（mm）	WUM	30
6	下层张力水容量（mm）	WLM	80
7	不透水面积比	IM	0.01
8	流域平均自由水容量（mm）	SM	60
9	流域自由水容量分布曲线指数	EX	1
10	地下水出流系数	KG	0.5
11	壤中流出流系数	KI	0.2
12	地下水消退系数	CG	0.998
13	壤中流消退系数	CI	0.99
14	河网流消退系数	CS	0.12
15	河道汇流的马斯京根法系数	X	0.2
16	河网汇流滞时	L	0

表 2-23　草地有限元模型参数

序号	参数	符号	参数值
1	蒸散发折算系数	K	0.8
2	流域蓄水容量分布曲线指数	B	0.33
3	深层散发系数	C	0.15
4	流域平均张力水容量(mm)	WM	200
5	上层张力水容量(mm)	WUM	30
6	下层张力水容量(mm)	WLM	80
7	不透水面积比	IM	0.01
8	流域平均自由水容量(mm)	SM	60
9	流域自由水容量分布曲线指数	EX	1
10	地下水出流系数	KG	0.5
11	壤中流出流系数	KI	0.2
12	地下水消退系数	CG	0.998
13	壤中流消退系数	CI	0.99
14	河网流消退系数	CS	0.12
15	河道汇流的马斯京根法系数	X	0.2
16	河网汇流滞时	L	0

　　有限元分布式模型模拟结果见表 2-24,其中相对误差小于 20% 为合格。此外,为了表述方便,把前毛庄子流域 1978-7-24 22：00：00 开始的洪水记为 1978072422 号,以下同。有限元分布式模型模拟洪水过程与实测洪水过程的比较,如图 2-20 至图 2-26 所示。

表 2-24　前毛庄子流域洪水模型模拟成果统计表

洪号	实测径流深(mm)	模拟径流深(mm)	径流深相对误差(%)	实测洪峰($m^3 \cdot s^{-1}$)	模拟洪峰($m^3 \cdot s^{-1}$)	洪峰相对误差(%)	确定性系数 R^2
1978072422	62.3	73.3	17.6	317	286	-9.8	0.74
1978080808	24.6	27.8	13.0	148	153	3.3	0.82
1978082615	34.8	42.2	21.2	124	130	4.8	0.70
1984080920	14.9	23.4	57.1	166	143	-13.9	0.52
1994071217	68.4	80.6	17.9	674	624	-7.4	0.70
2012072708	23.2	27.8	19.9	98	114	16.3	0.47
2012073108	97.6	98.4	0.8	297	309	3.9	0.94
合格率	71%			100%			$\overline{R^2}$ =0.70

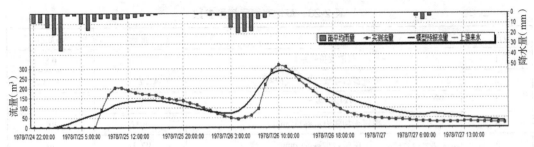

图 2-20　前毛庄子流域 1978072422 号洪水模拟与实测的洪水过程

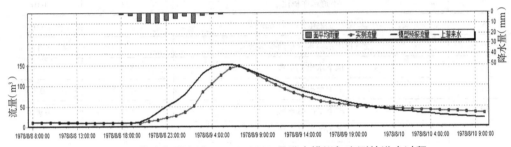

图 2-21　前毛庄子流域 1978080808 号洪水模拟与实测的洪水过程

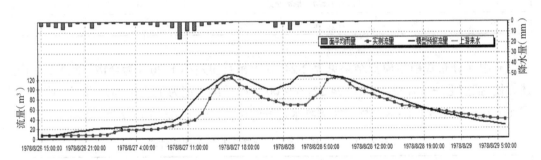

图 2-22　前毛庄子流域 1978082615 号洪水模拟与实测的洪水过程

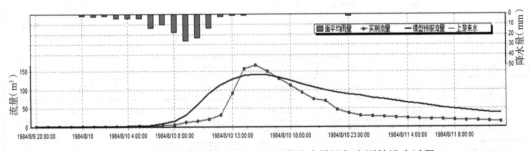

图 2-23　前毛庄子流域 1984080920 号洪水模拟与实测的洪水过程

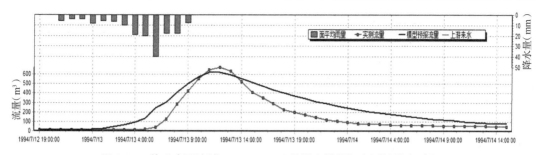

图 2-24　前毛庄子流域 1994071217 号洪水模拟与实测的洪水过程

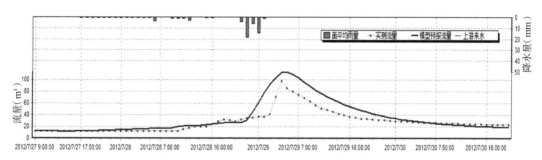

图 2-25　前毛庄子流域 2012072708 号洪水模拟与实测的洪水过程

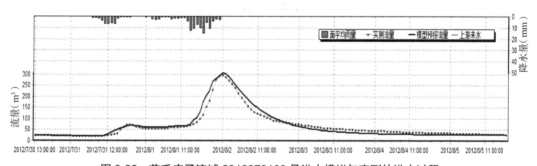

图 2-26　前毛庄子流域 2012073108 号洪水模拟与实测的洪水过程

从次洪模拟结果及各次洪水模拟过程线知,模拟的洪水径流量相对误差合格率为 71%,洪峰合格率为 100%,平均确定性系数为 0.70,模拟结果良好,到乙级以上的精度,符合精度要求。基于有限元控制的分布式水文模型采用三水源划分径流,所以对于单峰形态的洪水流量的模拟值稍微偏大,但洪峰模拟值较好。自 20 世纪 80 年代以来,张力水容量不断增大,产生这种现象的原因是:一方面,因为工业经济的发展,人类生活水平的提高,不当的人类活动,使用水量大大增加;另一方面,因为"引滦入津"工程的建立,使下垫面发生了变化,同时也拦蓄了一部分水量,致使模拟的径流量大于实测值。

2.4.4.2　模型比较与分析

将 CASC2D 分布式水文模型(CASC2D)、网格新安江水文模型(网格新安江)和基于有限元控制的分布式水文模型(有限元分布式)的模拟结果进行分析比较,结果见表 2-25。

表 2-25　CASC2D 模型与有限元分布式模型模拟结果统计表

编号	洪号	洪量相对误差（%）			洪峰相对误差（%）			确定性系数 R^2		
		有限元分布式	网格新安江	CASC2D	有限元分布式	网格新安江	CASC2D	有限元分布式	网格新安江	CASC2D
1	1978072422	17.6	27.4	16.4	−9.8	0.8	4.2	0.74	0.77	0.61
2	1978080808	13.0	−4.7	−29.3	3.3	−3.1	4.4	0.82	0.97	0.52
3	1978082615	21.2	0.7	1.8	9.2	2.0	38.8	0.70	0.89	0.69
4	1984080920	57.1	71.8	6.7	−14.3	7.2	0.0	0.52	0.41	0.93
5	1994071217	17.9	3.9	11.1	−7.3	−3.2	−17.6	0.70	0.98	0.89
6	2012072708	19.9	8.0	−2.2	15.9	7.4	74.6	0.47	0.84	0.45
7	2012073108	0.8	−2.2	−14.4	3.9	−0.1	−6.7	0.94	0.99	0.91
	合格率	71%	71%	86%	100%	100%	71%	$\overline{R^2}$ =0.70	$\overline{R^2}$ =0.84	$\overline{R^2}$ =0.71

由三个模型的特征值统计结果可以看出，各模型都有较好的模拟效果。在海河流域典型的半湿润地区中，各种模型都发挥了各自的优势。但是，CASC2D 水文模型、网格新安江水文模型需要较多的模型输入资料，适用于山谷、高原等地面高程变化明显的地区，且模型需要的参数较多，其物理规律变化不明显，导致用人工率定方法率定的参数随机性较大；而有限元分布式模型因为具有三水源的产汇流结构，模型参数具有较为明确的物理意义，对于缺乏资料的地区也有较好的模拟精度。通过对比分析不同时期的模型率定结果，发现有限元分布式模型在该流域具有较好的适用性。

2.4.5　水平口子流域模型率定模拟

水平口子流域位于于桥水库流域的中游，在河北省遵化市内，控制面积为 799 km²。沙河为该流域内的主要河流，河流长度为 69.5 km，平均坡度为 13.9%。在汛期外该河流的上半支基本处于干枯断流状，而下半支则常年有水。水平口以上区间降水径流通过沙河水平口站汇入于桥水库。

该流域内有大河局、般若院、冷咀头、遵化、挂兰峪、上关、马兰峪、水平口 8 个雨量站，利用子流域划分方法分为 8 个二级子流域，如图 2-27 所示。各二级子流域及有限元划分的信息见表 2-26。大河局、般若院、上关水库为该流域的 3 个中型水库，将大河局水库的出流作为其所在二级子流域的出流和相邻下一、二级子流域的入流处理；上关和般若院水库出流作为其所在及其以上二级子流域的出流，和相邻下一、二级子流域的入流处理。例如，般若院水库出流作为二级子流域 4、5 的出流和二级子流域 7 的入流处理；上关水库出流作为二级子流域 8、9 的出流和二级子流域 11 的入流处理。水平口子流域水库的具体信息见表 2-27。

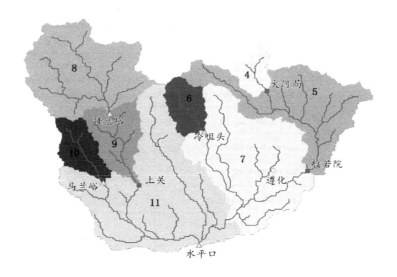

图 2-27　水平口子流域水系站点及一、二级子流域图

表 2-26　水平口子流域代表雨量站及二级子流域有限元划分

一级子流域		二级子流域		代表雨量站名	二级子流域内有限元类型个数
名称	面积(km²)	序号	面积(km²)		
水平口	799	子流域 4	25	大河局	2
		子流域 5	130	般若院	3
		子流域 6	20	冷咀头	2
		子流域 7	199	遵化	7
		子流域 8	145	挂兰峪	3
		子流域 9	30	上关、挂兰峪	2
		子流域 10	30	马兰峪	2
		子流域 11	220	水平口、马兰峪	5

表 2-27　水平口子流域水库介绍表

水库	总库容 (1×10⁴ m³)	兴利库容 (1×10⁴ m³)	集水面积 (km²)	建成日期	经度	纬度
上关	3 690	2 560	175	1979 年 12 月	117° 43′ 00″	40° 14′ 00″
般若院	5 457	2 585	130	1972 年 7 月	118° 00′ 39″	40° 15′ 14″
大河局	456	238	25	1959 年 4 月	117° 51′ 00″	40° 16′ 00″

　　采用基于有限元控制的分布式水文模型对水平口子流域 3 个时期内的典型洪水进行模拟。水平口子流域洪水起止时间见表 2-28。根据资料的完整性和预见期的要求,选用 1 h 作为次洪的预报时段。

表 2-28　水平口子流域洪水起始时间（1978—2012 年）

序号	年份	开始时间	结束时间
1	1978	1978-7-24　22:00:00	1978-7-27　19:00:00
2	1978	1978-8-8　8:00:00	1978-8-11　0:00:00
3	1978	1978-8-26　15:00:00	1978-8-28　20:00:00
4	1984	1984-8-9　20:00:00	1984-8-11　12:00:00
5	1994	1994-7-12　19:00:00	1994-7-14　15:00:00
6	1996	1996-7-22　19:00:00	1996-7-25　10:00:00
7	1996	1996-7-28　5:00:00	1996-7-3　22:00:00
8	1996	1996-8-2　17:00:00	1996-8-4　18:00:00
9	1996	1996-8-5　11:00:00	1996-8-7　17:00:00
10	1996	1996-8-9　20:00:00	1996-8-10　21:00:00
11	2012	2012-7-27　8:00:00	2012-7-31　7:00:00
12	2012	2012-7-31　8:00:00	2012-8-6　8:00:00

由水平口子流域年降雨径流相关图分析结果知,利用该模型进行模拟率定时,共划分为 3 个时期进行模拟率定,分别为:1960—1980 年、1981—1999 年、2000 年后。水平口子流域有限元分布式模型综合参数见表 2-29,各时期的不同参数值见表 2-30。

表 2-29　水平口子流域有限元分布式模型次模综合参数

序号	参数	符号	参数值
1	蒸散发折算系数	K	0.8
2	流域蓄水容量分布曲线指数	B	0.33
3	深层散发系数	C	0.15
4	上层张力水容量（mm）	WUM	20
5	下层张力水容量（mm）	WLM	80
6	不透水面积比	IM	0.01
7	流域自由水容量分布曲线指数	EX	1
8	地下水出流系数	KG	0.5
9	壤中流出流系数	KI	0.2
10	地下水消退系数	CG	0.998
11	壤中流消退系数	CI	0.99
12	河道汇流的马斯京根系数	X	0.2
13	时段	TT	1

序号	参数	符号	参数值
14	二级子流域数	NA	4
15	入流个数	IA	2
16	河网汇流滞时	L	0

表 2-30　各时期模型的不同参数

参数	1960—1980 年	1981—1999 年	2000 年后
WM（mm）	150	180	200
SM（mm）	45	55	60
CS	0.2	0.1	0.5

在水平口子流域中有城市、水面、平原、山地、丘陵等不同属性的下垫面,各不同属性下垫面的有限元模型参数是特定的,见表 2-1 至表 2-8。有限元分布式模型模拟成果见表 2-31,部分有限元分布式模型模拟与实测洪水过程如图 2-28 至图 2-36 所示。

表 2-31　水平口子流域洪水模型模拟成果统计表

洪号	实测径流深（mm）	模拟径流深（mm）	径流深相对误差（%）	实测洪峰（m³·s⁻¹）	模拟洪峰（m³·s⁻¹）	洪峰相对误差（%）	确定性系数 R^2
1978072422	113.4	191.8	69.2	881	1 223	38.9	0.70
1978080808	64.9	63.2	-2.6	780	682	-12.5	0.93
1978082615	123.4	123.3	-2.5	1 050	1 018	-3.0	0.89
1984080920	18.0	25.3	42.5	450	393	-12.6	0.74
1994071219	22.4	23.5	4.7	302	290	-4.0	0.94
1996072219	10.4	18.5	77.2	181	204	12.9	0.25
1996072805	37.7	42.3	12.1	458	449	-1.9	0.71
1996080217	74.2	66.8	-10.0	689	736	6.9	0.89
1996080511	70.2	67.2	-4.3	459	396	-13.8	0.85
1996080920	21.9	19.0	-13.4	450	282	-37.1	0.64
2012072708	46.7	51.2	12.2	103	108	4.8	0.95
2012073108	101.8	121.2	19.8	233	252	8.1	0.62
合格率	75%			83%			$\overline{R^2}$ =0.76

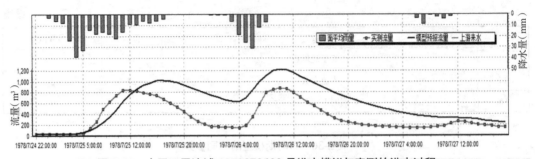

图 2-28　水平口子流域 1978072422 号洪水模拟与实测的洪水过程

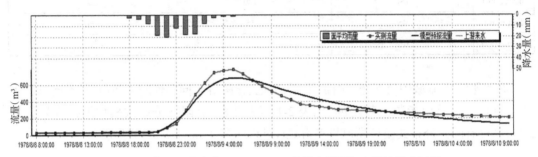

图 2-29　水平口子流域 1978080808 号洪水模拟与实测的洪水过程

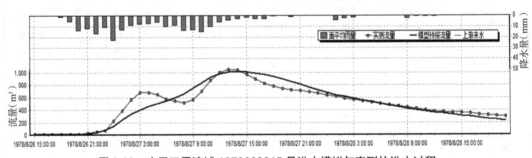

图 2-30　水平口子流域 1978082615 号洪水模拟与实测的洪水过程

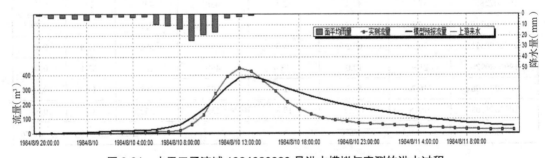

图 2-31　水平口子流域 1984080920 号洪水模拟与实测的洪水过程

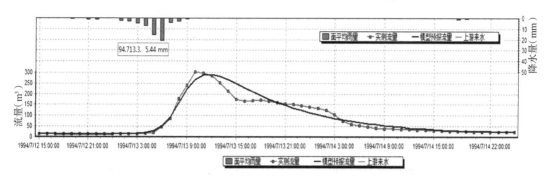

图 2-32　水平口子流域 1994071219 号洪水模拟与实测的洪水过程

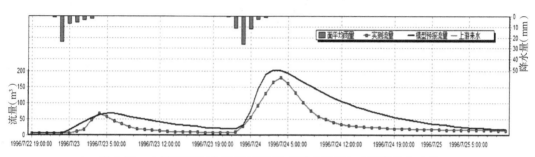

图 2-33　水平口子流域 1996072219 号洪水模拟与实测的洪水过程

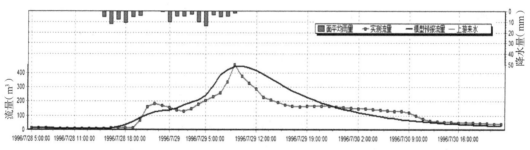

图 2-34　水平口子流域 1996072805 号洪水模拟与实测的洪水过程

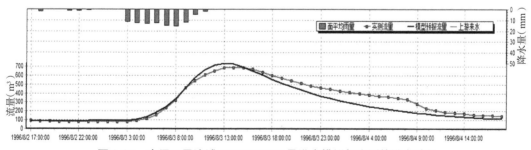

图 2-35　水平口子流域 1996080217 号洪水模拟与实测的洪水过程

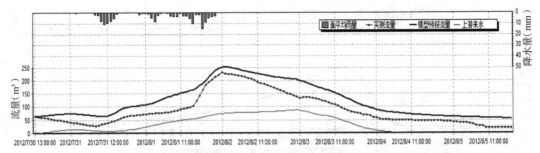

图 2-36　水平口子流域 2012073108 号洪水模拟与实测的洪水过程

从次洪模拟成果及各次洪水模拟过程线可知,模拟的洪水径流量相对误差合格率为75%,洪峰合格率为83%,平均确定性系数为0.76,模拟结果达到乙级以上的精度,符合精度要求。随着流域内水库的建成并投入使用,使原来天然的产汇流情况发生了变化,其中般若院水库和上关水库各有控制面积,这些闸坝在汛期末蓄水造成预报径流值偏大。同时,随着人类生活水平的提高,工业经济的发展,用水量也大大增加,因此在模型参数率定时,为了达到较好的模拟效果,应增大 *WM* 和 *SM* 的值。

2.4.6　淋河桥子流域模型率定模拟

淋河桥子流域位于于桥水库流域的中下游,2006 年 3 月建成,2012 年 5 月原龙门口水文站下移设置为淋河桥站,控制面积由原来的 126 km² 增加到 210 km²。龙门口以上区间的降雨径流首先汇入龙门口水库,经调蓄后,下泄流量经淋河桥站汇入于桥水库。

淋河为淋河桥子流域内的主要河流,河流长度为 50 km,平均坡度为 20.8%。淋河发源于兴隆县若乎山,地跨兴隆、遵化、蓟州三地,沿途有道古峪河汇入,自北偏西向南注入龙门口水库。流域内有龙门口、淋河桥 2 个雨量站,利用子流域划分方法分为 2 个二级子流域,如图 2-37 所示,各二级子流域及有限元划分的信息见表 2-32。因淋河桥水文站于 2012 年5 月投入使用,仅采用有限元分布式模型对 2012 年的洪水进行模拟,其中龙门口水库的放水资料作为龙门口水库所在的二级子流域的出流及其相邻下一、二级子流域的入流处理。

图 2-37　淋河桥子流域水系站点及一、二级子流域图

表 2-32　淋河桥子流域代表雨量站及二级子流域有限元划分

一级子流域		二级子流域		代表雨量站名	二级子流域内有限元类型个数
名称	面积(km²)	序号	面积(km²)		
淋河桥	226	子流域 12	126	龙门口、新村	3
		子流域 13	100	淋河桥	3

淋河桥子流域典型洪水起止时间见表 2-33。根据资料的完整性和预见期的要求,选用 1 h 作为次洪的预报时段。

表 2-33　淋河桥子流域洪水场次(2012 年)

序号	年份	开始时间	结束时间
1	2012	2012-7-27 8:00:00	2012-7-31 7:00:00
2	2012	2012-7-31 8:00:00	2012-8-6 8:00:00

虽然龙门口以上子流域按照年降水径流相关图分析划分为 1960—1980 年、1981—1999 年、2000 年后 3 个时期,但是 2012 年 5 月原龙门口水文站下移设置为淋河桥站,控制面积由原来的 126 km² 增加到 210 km²,以 2012 年以后的实际流域情况为准,有限元分布式模型综合参数见表 2-34。

表 2-34　淋河桥子流域有限元分布式模型次模综合参数

序号	参数意义	参数	参数值
1	蒸散发折算系数	K	0.8
2	流域蓄水容量分布曲线指数	B	0.33
3	深层散发系数	C	0.15
4	张力水容量(mm)	WM	200
5	上层张力水容量(mm)	WUM	20
6	下层张力水容量(mm)	WLM	100
7	不透水面积比	IM	0.01
8	张力水容量(mm)	SM	60
9	流域自由水容量分布曲线指数	EX	1
10	地下水出流系数	KG	0.5
11	壤中流出流系数	KI	0.2
12	地下水消退系数	CG	0.998
13	壤中流消退系数	CI	0.99
14	河道汇流的马斯京根法系数	X	0.2
15	时段	TT	1
16	河网流消退系数	CS	0.15

续表

序号	参数意义	参数	参数值
17	流域面积	A	100
18	二级子流域数	NA	1
19	入流个数	IA	1
20	河网汇流滞时	L	0

　　在淋河桥子流域中有水面、草地、山地、丘陵等不同属性的下垫面,各不同属性下垫面的有限元模型参数是特定的,见表 2-1 至表 2-8。有限元分布式模型模拟成果见表 2-35,有限元分布式模型实测模拟洪水过程如图 2-38 和图 2-39 所示,模拟精度达到甲级以上的精度,符合精度要求。

表 2-35　淋河桥子流域洪水模型模拟成果统计表

洪水编号	实测径流深（mm）	模拟径流深（mm）	径流深相对误差（%）	实测洪峰（m³/s）	模拟洪峰（m³/s）	洪峰相对误差（%）	确定性系数 R^2
2012072708	70.3	60.7	-13.7	54.7	56.3	3.1	0.72
2012073108	159.4	187.2	17.5	92.1	84.1	-8.7	0.72
合格率	100%			100%			$\overline{R^2}=0.72$

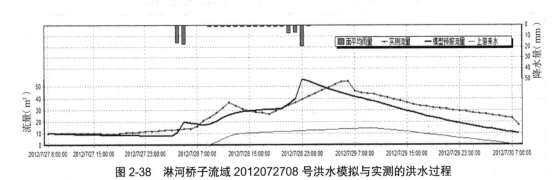

图 2-38　淋河桥子流域 2012072708 号洪水模拟与实测的洪水过程

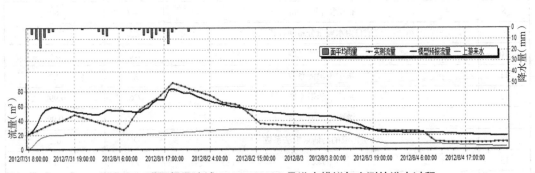

图 2-39　淋河桥子流域 2012073108 号洪水模拟与实测的洪水过程

从次洪模拟成果及各次洪水模拟过程线可知,模拟的洪水径流量相对误差合格率为100%,洪峰合格率为100%,平均确定性系数为0.72,模拟结果良好,表明有限元分布式模型在该流域有较好的适用性。

2.4.7　于桥水库区间子流域模型率定模拟

于桥水库区间子流域(简称:库区间子流域)控制面积为633 km²,该流域内有柴王店、于桥 2 个雨量站,利用自然子流域划分方法,将该区间共分为 4 个二级子流域,如图 2-40 所示,二级子流域雨量代表站及有限元划分情况见表 2-36。在计算面平均雨量时,引用淋河桥、前毛庄、水平口的雨量进行计算。

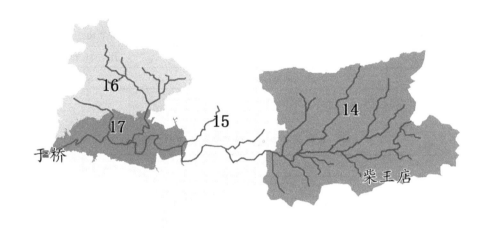

图 2-40　库区间水系站点及一、二级子流域图

表 2-36　库区间子流域代表雨量站及二级子流域有限元划分

一级子流域		二级子流域		代表雨量站名	二级子流域内有限元类型个数
名称	面积(km²)	序号	面积(km²)		
于桥水库区间	633	子流域 14	102	淋河桥	4
		子流域 15	254	水平口、柴王店、前毛庄	4
		子流域 16	190	淋河桥、柴王店	3
		子流域 17	87	于桥	1

由库区间子流域年降水径流相关图分析结果知,利用模型进行模拟率定时,共划分为 3 个时期进行模拟率定,分别为:1960—1980 年、1981—1999 年和 2000 年后。该时期库区间子流域洪水起止时间见表 2-37,有限元分布式模型综合参数见表 2-38,各时期参数值见表 2-39。

表 2-37　库区间子流域模拟的洪水场次

序号	年份	开始时间	结束时间
1	1978	1978-7-24 22:00:00	1978-7-27 19:00:00
2	1978	1978-8-8 1:00:00	1978-8-11 0:00:00
3	1978	1978-8-26 15:00:00	1978-8-28 20:00:00
4	1984	1984-8-9 20:00:00	1984-8-11 12:00:00
5	1994	1994-7-12 17:00:00	1994-7-14 15:00:00
6	1996	1996-7-22 19:00:00	1996-7-25 10:00:00
7	1996	1996-7-28 5:00:00	1996-7-31 22:00:00
8	1996	1996-8-1 4:00:00	1996-8-4 18:00:00
9	1996	1996-8-5 11:00:00	1996-8-7 17:00:00
10	1996	1996-8-9 20:00:00	1996-8-10 21:00:00
11	2012	2012-7-27 8:00:00	2012-7-31 7:00:00
12	2012	2012-7-31 8:00:00	2012-8-6 8:00:00

表 2-38　库区间子流域有限元分布式模型次模综合

序号	参数意义	参数	参数值
1	蒸散发折算系数	K	1
2	流域蓄水容量分布曲线指数	B	0.33
3	深层散发系数	C	0.15
4	上层张力水容量（mm）	WUM	20
5	下层张力水容量（mm）	WLM	80
6	不透水面积比	IM	0.01
7	流域自由水容量分布曲线指数	EX	1
8	地下水出流系数	KG	0.5
9	壤中流出流系数	KI	0.2
10	地下水消退系数	CG	0.998
11	壤中流消退系数	CI	0.99
12	河道汇流的马斯京根法系数	X	0.2
13	时段	TT	1
14	二级子流域数	NA	4
15	入流个数	IA	2
16	河网汇流滞时	L	0

表 2-39　各时期模型参数

参数	1960—1980 年	1980—1999 年	2000 年后
WM	150	180	200
SM	50	58	60
CS	0.5	0.2	0.15

在库区间子流域中有城镇、水面、农田、丘陵等不同属性的下垫面,各不同属性下垫面的有限元模型参数是特定的,见表 2-1 至表 2-8。库区间流域洪水模型模拟成果见表 2-40,部分模拟与实测的洪水过程如图 2-41 至图 2-47 所示,模拟精度达到乙级以上的精度,符合精度要求。

表 2-40　库区间子流域洪水模型模拟成果统计表

洪号	实测径流深(mm)	模拟径流深(mm)	径流深相对误差(%)	实测洪峰(m³/s)	模拟洪峰(m³/s)	洪峰相对误差(%)	确定性系数 R^2
1978072422	257.7	304.2	18.04	1 509.5	2 050	35.90	0.52
1978080801	158.3	207.1	30.85	1 158.3	1 781	53.80	0.61
1978082615	303.2	338.7	11.71	1 883.6	2 146	14.00	0.63
1984080920	38.6	42.6	10.36	580.0	684	17.50	0.86
1996072219	19.4	22.6	19.56	258.0	446	72.90	0.31
1996072805	59.8	56.0	−6.30	689.2	580	−15.80	0.75
1996080104	207.3	240.8	16.17	1 537.5	1 460	−5.00	0.83
1996080511	68.6	89.1	29.95	908.3	805	−8.50	0.15
1996080920	57.7	59.6	3.44	575.0	625	8.70	0.73
2012072708	143.0	149.8	4.47	444.4	436	−1.73	0.23
2012073108	317.0	386.6	22.00	875.0	854	−2.40	0.08
合格率	73%			73%			$\overline{R^2}$ =0.52

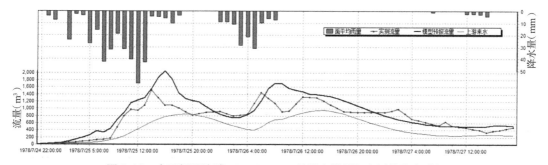

图 2-41　库区间子流域 1978072422 号洪水模拟与实测的洪水过程

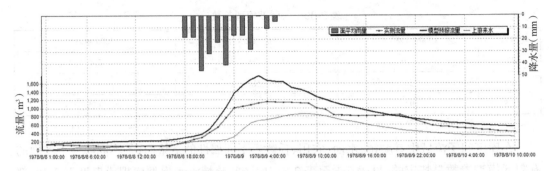

图 2-42　库区间子流域 1978080801 号洪水模拟与实测的洪水过程

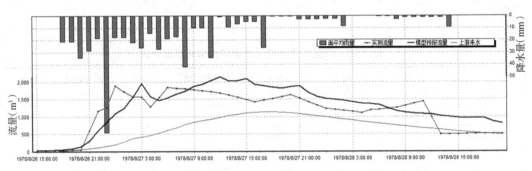

图 2-43　库区间子流域 1978082615 号洪水模拟与实测的洪水过程

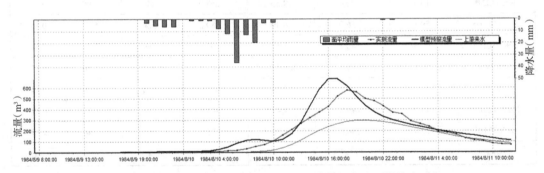

图 2-44　库区间子流域 1984080920 号洪水模拟与实测的洪水过程

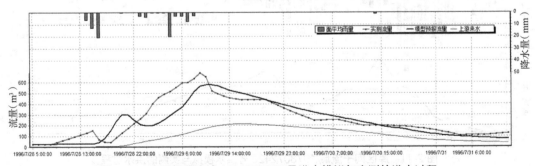

图 2-45　库区间子流域 1996072805 号洪水模拟与实测的洪水过程

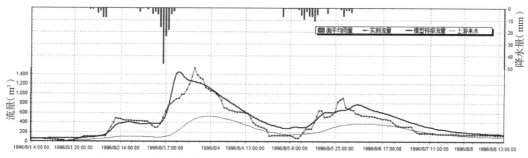

图 2-46 库区间子流域 1996080104 号洪水模拟与实测的洪水过程

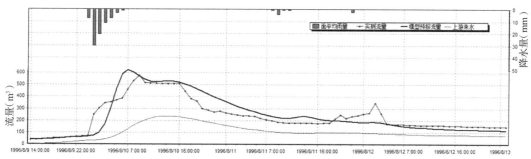

图 2-47 库区间子流域 1996080920 号洪水模拟与实测的洪水过程

2.4.8 有限元分布式模型与网格新安江模型比较与分析

对于桥水库以上各一级子流域均分别采用了网格新安江模型和有限元分布式模型进行了历史洪水模拟及参数率定,以水文资料比较好的水平口与前毛庄子流域的模拟结果进行比较。

在前毛庄和水平口子流域均选择降水资料条件好的洪水进行比较研究,两模型的模拟结果见表 2-41 和表 2-42。

表 2-41 前毛庄子流域有限元分布式模型与网格新安江模型模拟结果统计表

序号	洪号	径流深相对误差(%)		洪峰相对误差(%)		确定性系数 R^2	
		有限元分布式	网格新安江	有限元分布式	网格新安江	有限元分布式	网格新安江
1	1978072422	17.61	27.40	-9.80	0.84	0.74	0.77
2	1978080808	12.96	-4.70	3.30	-3.10	0.82	0.97
3	1978082615	21.21	0.69	9.20	2.04	0.70	0.89
4	1984080920	57.08	71.80	-14.30	7.19	0.52	0.41
5	1994071217	17.86	3.85	-7.30	-3.22	0.70	0.98
6	2012072708	19.92	7.97	15.90	7.38	0.47	0.84
7	2012073108	0.83	-2.20	3.90	-0.14	0.94	0.99
合格率		71.4%	71.4%	100%	100%	$\overline{R^2}$ =0.70	$\overline{R^2}$ =0.84

表 2-42　水平口子流域有限元分布式模型与网格新安江模型模拟结果统计表

序号	洪号	洪量相对误差（%）		洪峰相对误差（%）		确定性系数 R^2	
		有限元分布式	网格新安江	有限元分布式	网格新安江	有限元分布式	网格新安江
1	1978072422	69.22	0.96	38.9	-2.78	0.70	0.89
2	1978080808	-2.90	-8.89	-12.5	3.27	0.93	0.97
3	1978082615	-2.50	-1.07	-3.0	2.07	0.89	0.93
4	1984080920	42.49	7.57	-12.6	6.10	0.74	0.97
5	1994071219	4.70	16.40	-4.0	-1.27	0.94	0.93
6	1996072219	77.18	34.40	12.9	-1.41	0.25	0.76
7	1996072805	12.08	4.31	-1.9	9.03	0.71	0.67
8	1996080217	-9.95	-18.50	6.9	-2.38	0.89	0.86
	合格率	62.5%	87.5%	87.5%	100%	$\overline{R^2}$ =0.76	$\overline{R^2}$ =0.87

　　根据两模型模拟结果的特征值统计以及各洪水的模拟过程线可以看出，两模型都取得了较好的模拟效果，从洪量、洪峰与确定性系数的精度与合格率来看，都达到了乙级以上精度标准，部分场次洪水达到甲级以上精度标准，有限元分布式模型与网格新安江模型都较适合于桥水库的洪水预报。

　　实际上，于桥水库流域是按照现有雨量站划分一、二级子流域的，即使是网格新安江模型，也是在划分子流域的基础上再分网格。在海河流域典型的半湿润地区中，两种模型都发挥了各自的优势。可以看出网格新安江模型需要较多的模型输入资料，如高空间分辨率的雨量资料，适用于山谷、高原等地面高程变化明显的地区，且该模型需要的参数较多，导致用人工率定方法率定的参数随机性较大；有限元分布式模型因为具有三水源的产汇流结构，对于缺乏资料的地区也有较好的模拟精度。通过对比分析不同时期的模型率定结果，验证了按照雨量站划分子流域及有限元分布式模型在该流域具有较好的适用性，同时也说明网格新安江模型也可以在于桥水库流域进行实际洪水预报作业。

2.5　于桥水库流域洪水预报方案

2.5.1　于桥水库流域洪水预报方案确定

　　于桥水库流域控制面积为 2 060 km²，前毛庄、水平口、龙门口子流域都是上游流域，为了更好地进行水库入流预报，根据不同的控制站点确定 3 种方案进行洪水过程模拟。

　　1）方案一

　　将前毛庄、水平口以及淋河桥站的实测流量资料作为于桥水库库区间的入流，对于桥水库库区间进行有限元分布式模型模拟,产汇流采用有限元分布式模型计算,再经过水库库面产流,最终得到预报流量,将其与于桥水库计算得到的反推入库流量进行对比,率定分析参数,如图 2-48 所示。

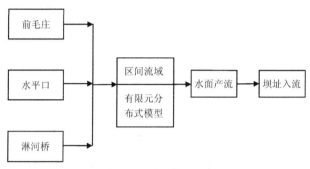

图 2-48　方案一结构框图

2)方案二

将整个于桥水库流域作为整体,接官厅水库、般若院水库、上关水库、龙门口水库作为整个模型的入流处理,经过有限元分布式模型模拟,产汇流采用有限元分布式模型,再经过库面产流得到最终的预报流量,通过对比,率定分析参数,如图 2-49 所示。

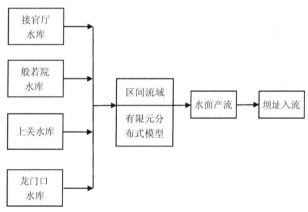

图 2-49　方案二结构框图

3)方案三

将整个于桥水库流域作为整体,接官厅水库、般若院水库、上关水库、龙门口水库作为整个模型的入流处理,其他流域经过网格新安江模型模拟预报,产流采用网格新安江模型计算,汇流采用网格汇流方法进行计算,再经过库面产流得到最终的预报流量,通过对比,率定分析参数,如图 2-50 所示。

对于桥水库流域 3 种方案进行参数率定与分析,根据于桥流域 3 个时期内的典型洪水资料系列进行分期模拟,其中洪水起止时间见表 2-37。

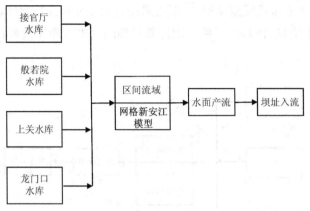

图 2-50   方案三结构框架

2.5.2   于桥水库区间子流域模型模拟(方案一)

于桥水库流域的库区间子流域控制面积为 633 km²,该流域内有柴王店、于桥 2 个雨量站,利用自然子流域划分方法,将该区间分为 4 个二级子流域,如图 2-40 所示,二级子流域雨量代表站及有限元划分情况见表 2-36。具体模型过程及结果见 2.5.1 节。

2.5.3   于桥水库流域模型模拟(方案二)

减去于桥流域内般若院、上关、龙门口三个中型水库的控制面积,该方案进行产汇流计算的面积为 1 578 km²,其中包括于桥水库水面面积 87 km²。根据流域内雨量站和水文站的布设情况以及自然流域的边界,把流域(包括于桥水库库面)划分为 17 个子流域,如图 2-51 所示,其中子流域 4、5、8、9、12 作为水库入流处理,不考虑这 5 块面积上的产汇流情况,对其他 12 个子流域进行模型计算,子流域面积见表 2-47。

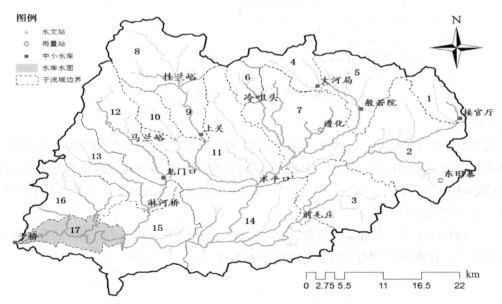

图 2-51   于桥水库水系站点及子流域分布图

表 2-47 于桥水库以上二级子流域及代表雨量站

子流域名称	面积（km²）	代表雨量站名
子流域 1	104	接官厅
子流域 2	142	东旧寨
子流域 3	126	前毛庄
子流域 6	109	冷咀头
子流域 7	110	遵化
子流域 10	125	马兰峪
子流域 11	125	水平口
子流域 13	100	淋河桥
子流域 14	102	淋河桥
子流域 15	254	水平口、柴王店、前毛庄
子流域 16	190	淋河桥、柴王店
子流域 17	87	于桥

采用方案二模型对该流域进行参数率定与分析，综合参数见表 2-38，所用各时期模型参数见表 2-48。表 2-49 为于桥流域洪水模型模拟成果统计表，模拟与实测的洪水过程线，如图 2-52 至图 2-58 所示。模拟精度达到乙级以上，符合精度要求。

表 2-48 方案二使用的各时期模型参数

参数	1980 年前	1980—1999 年	2000 年后
WM（mm）	150	180	200
SM（mm）	45	55	60
CS	0.5	0.2	0.2

表 2-49 于桥水库流域洪水模型模拟方案二成果统计表

洪水起始时间	实测径流深（mm）	模拟径流深（mm）	径流深相对误差（%）	实测洪峰（m³/s）	模拟洪峰（m³/s）	洪峰相对误差（%）	确定性系数 R^2
1978072422	98.2	112.9	15.0	1 510	1 607.3	19.0	0.60
1978080801	60.3	58.4	-3.1	1 160	1 250.8	8.0	0.94
1978082615	226.1	118.5	3.2	1 880	1 916.5	1.8	0.68
1984080920	16.6	19.0	13.9	580	566.9	-2.2	0.84
1996072219	12.6	15.3	21.2	258	365.2	41.6	0.11
1996072805	39.6	36.7	-7.3	689	665.3	-3.4	0.67
1996080104	145.2	116.3	-19.9	1 538	1 580.9	2.9	0.78
1996080511	49.7	42.7	-14.0	908	615.8	-32.1	0.63
1996080920	37.3	29.7	-20.6	575	752.2	30.9	0.27

洪水起始时间	实测径流深（mm）	模拟径流深（mm）	径流深相对误差(%)	实测洪峰（m³/s）	模拟洪峰（m³/s）	洪峰相对误差（%）	确定性系数 R^2
2012072708	57.4	59.9	4.4	444	436.9	−1.6	0.51
2012073108	127.1	163.8	28.9	875	935.6	6.6	0.51
合格率	73%			73%			$\overline{R^2}$ =0.51

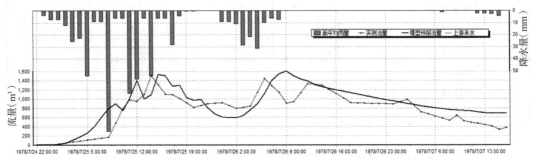

图 2-52　于桥水库流域 1978072422 号洪水模拟与实测的洪水过程（方案二）

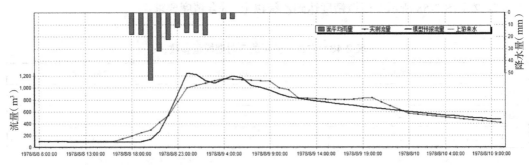

图 2-53　于桥水库流域 1978080801 号洪水模拟与实测的洪水过程（方案二）

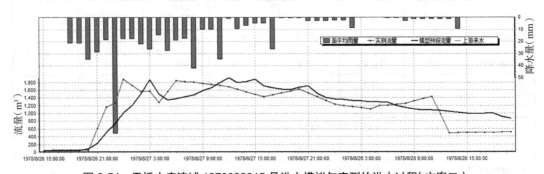

图 2-54　于桥水库流域 1978082615 号洪水模拟与实测的洪水过程（方案二）

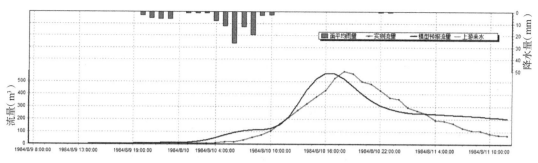

图 2-55　于桥水库流域 1984080920 号洪水模拟与实测的洪水过程（方案二）

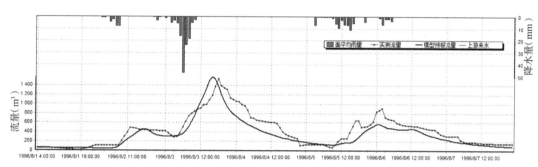

图 2-56　于桥水库流域 1996080104 号洪水模拟与实测的洪水过程（方案二）

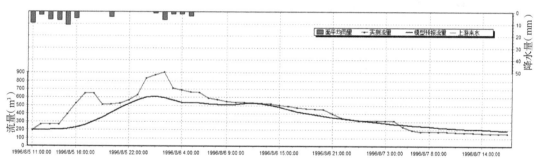

图 2-57　于桥水库流域 1996080511 号洪水模拟与实测的洪水过程（方案二）

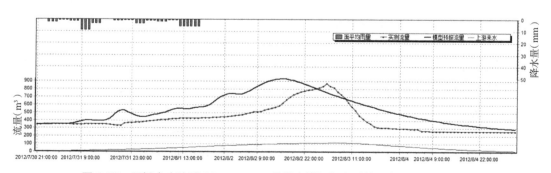

图 2-58　于桥水库流域 2012073013 号洪水模拟与实测的洪水过程（方案二）

2.5.4　于桥水库流域模型模拟（方案三）

减去于桥流域内般若院、上关、龙门口 3 个中型水库的控制面积,该方案进行产汇流计算的面积为 1 578 km²,其中包括于桥水库水面面积 87 km²。根据流域内雨量站和水文站的布设情况以及自然流域的边界,把流域(包括于桥水库库面)划分为 17 个二级子流域,如图 2-51 所示,其中子流域 4、5、8、9、12 作为水库入流处理,不考虑这 5 块面积上的产汇流情况。基于上述研究,建立网格新安江预报模型,在每个二级子流域上,参数与一级子流域的综合参数一样,进行模拟预报。计算的子流域面积和参数分别见表 2-47 和表 2-48,模拟预报结果与表 2-49 基本类似。模拟精度达到乙级以上,符合精度要求,不再列出。

2.5.5　模拟结果比较分析

通过洪水模拟特征值表 2-40、表 2-49 以及各次洪水过程线,可以看出 3 个方案的径流深合格率、洪峰合格率相同,皆为 73%。模型的平均确定性系数也相当,在 0.51~0.52。方案一中,库区间流域内使用统一参数进行模拟,但因为该区间内的雨量站只有 2 个,相比上游流域相对不充足。方案二和方案三中,根据流域上、中、下游的下垫面差异,不同有限元使用不同模型参数,使得模拟结果精度更高。

2.6　于桥水库实时洪水预报系统

2.6.1　洪水预报系统概述

洪水预报系统是集成各项洪水预报技术用于防洪减灾的非工程措施。完善的洪水预报系统不仅能够提高洪水预报的精度与预见期,也能为抗旱防灾部门提供科学支撑,达到减灾增效的目的。洪水预报系统的任务指根据实时的降水信息做出定量的降水预报,利用水文学方法(流域产流、坡面汇流)和水力学方法(河道洪水演算、水库调洪演算等)进行分析计算,得到综合的预报结果,进而为防汛部署和防洪调度提供科学依据。常用的洪水预报系统精度主要由模型参数的率定检验和洪水预报的实时校正决定。

"实时联机预报"指洪水、降水资料的收集并传输到计算机,经过信息读取和模型的计算以及对预报值的实时校正,得到未来洪水预报值。这一过程全部由计算机自动完成,不需要人工进行干涉。当今建立的水文自动测报系统,为实时的洪水预报系统提供了有利的信息来源支撑。

当前,建立实时洪水预报系统主要有两条途径:一是预报模型以及实时校正,指通过雨洪关系,利用水文模型进行模拟,将计算值与实测值进行比较,得到实际误差序列,建立模型系统,进而再对水文模型作补充描述;二是把雨洪关系看作一个线性系统,用常用的数学方程(状态方程、量测方程、常微分方程或 n 阶线性差分方程)来描述,再利用卡尔曼滤波方法求解状态变量,得到预报变量。通过实践和研究论证,第一种方法概念较清晰,将确定性与随机性相结合,更符合常用的水文思路。因此,采用该方法建立于桥流域的实时预报系统。

实时的洪水预报系统包括实时的数据处理、显示、计算和校正这几部分。实时数据处理指对数据进行分类、格式转换、缺测资料的插补、水位 - 库容转换、水位 - 流量关系,将完整的信息存储在实时数据库中。实时数据的显示是通过显示器,将采集到的洪水、降雨信息,在显示器上直观地表现出来。现代的显示方法是在计算机上,利用图形技术,用程序设计语言编制软件来实现。

于桥流域实时洪水预报系统软件采用 C/S 的总体结构。该结构具有运行速度快、效率高的特点,能完成洪水预报系统的大多数计算分析任务,实现信息和分析结果的显示和发布。C/S 结构完成了洪水预报系统的大多数功能。服务器端有多种数据库服务器、信息应用服务器以及模型计算服务器。客户机端主要包括水雨情信息接收处理子系统、信息服务子系统、模型应用系统等。

2.6.2　系统开发技术路线

于桥流域洪水预报与调度系统是为了实现于桥流域内 4 个中型水库的合理调度而研制的。通过该系统既可以对于桥流域 3 个控制站(前毛庄、水平口、龙门口)和 4 个水库(般若院水库、上关水库、龙门口水库、于桥水库)的实测资料进行洪水模拟,也可以进行洪水预报。系统开发遵循以下原则。

(1)坚持"实用性、可靠性、先进性、标准性、开放性、实时性"原则。实用性:要考虑系统的实用性和可操作性,根据实际需要设计系统的规模。可靠性:在汛期的恶劣条件下,在各种特发事件的状态下确保系统能正常运行,实现汛情上传、汛令下达。先进性:在满足实用性基础上,采用的技术起点要高,选用当前最先进的软硬件开发平台、先进的管理方法、先进的决策支持方法。实时性:满足汛期实时调用信息的需要。标准性:系统由许多子系统组成,为使系统结构合理、功能齐全、便于调整扩展,应按照国家防汛指挥系统统一标准设计建设。开放性:按开放式系统的要求进行设计、组建系统,以利于今后根据防洪业务内容的变化进行系统的调整和扩展。

(2)模块化开发。系统强调结构化、模块化、标准化,做到界面清晰、接口标准、连接畅通,达到完整性与灵活性的较佳结合,最终实现系统的有效集成。本系统将各功能组件划分为不同的模块进行开发,在保持预报模型、预报站点、预报成果之间的相互独立性的同时,规范化并标准化预报结果的格式标准,可实现预报成果的输出。

(3)简易化操作。洪水预报系统往往因为其系统的庞杂和繁复而增加使用者的操作难度。本系统对实时洪水预报的功能进行提炼和精简,将核心操作予以保留,简化中间过程计算的操作环节,在实现洪水预报并保证预报准确率的前提下,将预报作业所需要的操作过程尽量简化,减少使用者所需要输入的参数和设置。

(4)系统的开发及运行环境。系统采用 Microsoft Visual Basic 6.0 平台开发,采用 Microsoft SQL Server 关系数据库管理系统,对实时预报数据进行统一的管理和维护。系统的运行环境为 Windows 2000/2003/XP/7,显示器分辨率不低于 1280 px × 1024 px。

2.6.3　系统主要功能

系统根据于桥水库流域变动有限元控制分布式水文模型实时洪水预报的需求,将系统功能划分成了十余个模块。预报人员在预报作业时,仅需要进行简单的几步操作即可完成数据提取、模型参数修正、作业预报、系统管理、预报查询等工作。

2.7　基于有限元控制的分布式水文模型的实践

将有限元分布式水文模型研究结果集成到实时洪水预报系统后,于 2013 年 7 月份投入使用,对 2013、2014 年洪水过程进行了实时预报(模拟),下面是实时预报的一些结果。系统不但可以预报于桥水库的入库洪水(于桥入库),还可以预报出流域内 3 个中型水库(上关、般如院、龙门口)及 3 个水文站(前毛庄、淋河桥、龙门口)的流量过程线。

2.7.1　2013 年实时洪水预报

2013 年 5 月 1 日至 2013 年 10 月 10 日 3 个中型水库预报特征值见表 2-50,流域上各个实测断面与于桥水库入库模拟预报特征值见表 2-51。可以看出,前毛庄与于桥水库入库预报精度较高,从洪量与洪峰的精度与合格率来看都达到了乙级以上精度标准;水平口与淋河桥预报精度较低,但两者的原因各不同,水平口预报洪峰偏小,是由于该子流域雨量站偏少,没有能够控制和反映该流域雨量的变化,而淋河桥由于区间流域面积比较小,预报洪峰偏小可能主要是龙门口水库没有遥测放水资料导致的。

表 2-50　2013 年 3 个中型水库预报特征值

水库名称	总雨量(mm)	蒸发量(mm)	产流深(mm)	入库洪水预报总量($\times 10^6$ m³)	入库洪水预报洪峰(m³/s)
般若院	620.1	241.0	266.3	19.261 9	52.0
上关	270.6	69.3	142.4	13.690 7	49.1
龙门口	545.7	121.5	295.2	20.979 2	91.4

表 2-51　2013 年于桥及其他几个断面预报特征值

站名	雨量(mm)	径流深(mm)	实测总量($\times 10^6$ m³)	预报总量($\times 10^6$ m³)	来水总量($\times 10^6$ m³)	洪量相对误差(%)	实测洪峰(m³/s)	预报洪峰(m³/s)	洪峰相对误差(%)
前毛庄	564.7	150.8	342.683 5	350.786 4	315.993 9	2.4	60.5	60.9	0.8
淋河桥	545.7	208.9	29.517 5	17.006 3	6.194 8	-42.3	24.0	44.3	84.0
于桥入库(方案一)	411.4	103.1	561.668 9	660.009 2	490.925 5	18.6	185.0	168.0	-9.0
于桥入库(方案二)	411.4	103.1	561.668 9	654.125 8	445.202 7	16.5	185.0	168.0	-9.0
合格率	—	—	75%				75%		

2.7.2 2014 年实时洪水预报

2014 年 6 月 1 日至 2014 年 7 月 10 日 3 个中型水库预报特征值见表 2-52,流域上各个实测断面与于桥水库入库预报特征值见表 2-53,降雨很小,流量也很小。由表 2-53 可以看出,前毛庄与于桥水库入库预报精度较高,从洪量与洪峰的精度与合格率来看都达到了乙级以上精度标准。

表 2-52　2014 年 3 个中型水库预报特征值

水库名称	总雨量(mm)	蒸发量(mm)	径流深(mm)	入库洪水预报总量(×10⁶ m³)	入库洪水预报洪峰(m³/s)
般若院	263.3	76.3	68.7	4.537 1	36.8
龙门口	13.3	19.5	0.9	0.036 9	0.3
上关	100.6	20.8	21.6	1.832 5	14.3

表 2-53　2014 年于桥及其他几个断面模拟预报特征值

站名	雨量(mm)	径流深(mm)	实测总量(×10⁶ m³)	预报总量(×10⁶ m³)	来水总量(×10⁶ m³)	洪量相对误差(%)	实测洪峰(m³/s)	预报洪峰(m³/s)	洪峰相对误差(%)
前毛庄	205.5	28.9	127.520	133.230 0	126.930 0	4.43	83.4	66.6	19.9
水平口	256.0	49.7	16.990	9.660 0	0.354 0	-43.20	134.0	40.0	70.0
于桥入库(方案一)	96.4	20.2	171.743	161.508 1	144.536 8	5.95	111.9	100.0	-10.5
于桥入库(方案二)	96.4	20.2	171.743	159.242 4	142.806 7	-7.27	111.9	102.1	-8.7
合格率	—	—	75%				75%		

2.8　小结

人类活动改变了流域的下垫面特征,特别是 2000 年以后,于桥水库流域内多年持续干旱,降水空间分布不均匀程度加剧,原有的于桥水库流域水文预报模型已不能反映该流域的降水－径流特性现状,在实时预报作业中与实测入库径流偏离较大,主要反映在以下两个方面。

(1)人类活动使下垫面发生很大变化,现状流域的降水径流过程表现出的降水－径流关系特征与历史已经不属于同一系统。

(2)流域持续干旱,降水空间分布的离散更加突出,集总式水文模型已不能反映流域降水径流特性,不适合现状的需要。

本课题基于数字高程模型(DEM),提取数字流域信息,依据流域降水径流特性将流域划分为若干子流域,通过对各分区采用 CASC2D 模型、网格新安江模型(GRID-XAJ)进行历史降雨径流过程模拟和模型参数率定,并根据下垫面特性及降水监测密度合并网格,考虑山地、平原、农田、森林、水面、城镇、水利工程,结合降水控制密度,提出变动有限元控制的分布式模型。从历史洪水模拟、模型参数率定以及降水径流模拟结果上看,有限元分布式模型能有效反映流域下垫面变化及降水空间分布的离散对降水径流的影响,效果良好。在此基础上提出于桥水库洪水预报的3个方案,建立于桥水库全流域的入库洪水过程模拟和预报模型,并开发实时洪水预报系统。

在于桥水库洪水预报模型研制中,有以下结论与建议。

(1)变动有限元控制的分布式水文模型是解决半湿润、半干旱地区降水分布不均匀及人类活动影响下的水文预报的有效途径。

(2)由于现状降水监测空间的分辨率仅局限于实测降水量的分布,则按照现有雨量站划分的有限元分布式水文模型更适合于实时水文预报。

(3)从历史洪水模拟与2013、2014年实时洪水预报检验来看,于桥水库流域主要站点预报和全流域预报达到乙级以上精度,部分站点达到甲级精度,符合精度要求。

(4)建议在流域内布设几个土壤含水量监测站,以便更好地验证模型的状态变量,对分布式水文模型进一步改进。

(5)本课题仍然采用历史水文数据率定有限元模型参数,建议对具有不同下垫面特性的小流域开展实验研究,以确定不同有限元内的模型参数,使得参数具有较为明确的物理意义。

(6)本课题的研究针对人类活动对流域降水径流特征的影响,考虑流域下垫面分布分散及人类活动对流域水状态影响、降水空间分布的不均匀特性,在我国北方地区具有普遍性,其成果具有借鉴意义。

本课题有以下3个创新点。

(1)提出了基于有限元与变动有限元划分流域单元的方法。

提出了依据流域土地利用与土地覆盖、土壤类型等下垫面属性及雨量站控制密度进行流域单元划分的有限元法,每个有限元内具有相同或近似的下垫面属性,是分布式水文模型的计算单元。由于人类活动引起下垫面时空分布变化,通过有限元分布控制开关调整流域的有限元分布,实现变动有限元控制及下垫面参数动态控制。该划分方法可以考虑降水径流形成中的非线性问题,每个有限元的参数是独立而特定的,可以通过实验的方法确定有限元参数,使之具有较为明确的物理意义,可有效避免"异参同效"现象。

(2)建立了基于有限元控制的分布式水文模型。

根据流域河网汇流特性按河流分叉划分汇流节点,在汇流节点以上,根据流域下垫面属性及雨量站控制划分有限元,各有限元通过河网组成流域有限元分布。在有限元内采用水文模型分别进行产流、汇流计算,建立基于有限元控制的分布式水文模型。实时预报系统可以通过变动控制开关,根据雨量控制密度、人类活动对下垫面影响而调整流域内计算单元,进行预报作业,简单方便而更加契合实际,提高了预报精度。

（3）建立了地下水埋深与蓄水容量变动的定量关系。

建立了地下水埋深与蓄水容量之间的统计关系，各单元模型蓄水参数可以根据下垫面变化情况进行调整，依据不同的下垫面变化特征，选用不同模型蓄水参数，可适用于不同下垫面以及人类活动影响下的水文预报及计算，为人类活动影响下的水文预报模型参数确定提供一个新方法。

第3章 人类活动影响下的水文计算方法

3.1 方法概述

3.1.1 受人类活动影响下的降水径流分析

受人类活动影响下的流域降水－径流关系,通常表现为流域不同水资源开发阶段的降水－径流点群带分布,如图 3-1 所示。

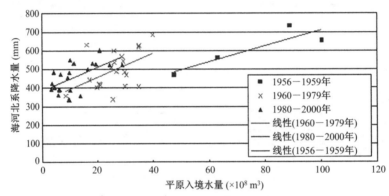

图 3-1 区域降水－径流关系分布图

不同的点群表现了流域不同的水资源开发状况,随着水资源开发程度的不断增加,流域地表径流汇出量不断减少,其点群的偏移量就表现水资源开发变化量。

在流域降水、径流特征的分析中,对降水的计算,通常认为降水条件的变化不大,即获取的降水资料系列具备一致性,在系列足够长的情况下直接用数学统计的方法计算流域降水特征(不同概率或不同保证率的降水量)。而对于径流特征的计算就显得复杂得多。首先,流域水资源开发利用的变化,使得控制断面的汇出径流系列已经不具备一致性,即不是一个系统产生的样本,如图 3-1 所示,而阶段的(水资源开发变化较小的阶段)径流系列长度不足,不具备代表性,不能直接用数学的方法计算其径流特征。

通常的方法是,针对流域水资源开发利用情况,调查不同年度的水资源开发量,逐年还原出流域的径流系列,使其具备系列一致性后,采用数学的方法计算径流特征;然后根据不同阶段水资源开发水平,扣除水资源开发利用量,作为控制站的不同水资源开发水平的径流汇出特征成果。

但是,由于上游水资源开发利用量调查的困难和不准确程度较高,使得还原后的系列可靠性变低。特别是还原比重较大时,问题更加突出,可靠性更低,使得原不具备一致性的系列还原后,一致性程度提高不多,可靠性程度反而降低。以至于计算的结果不能代表区域的径流特征。

因此,希望能够在降水－径流关系点群中,找到径流和降水相同频率的关系,这样就可以通过具备一致性的降水系列计算出的降水特征,用相同频率的降水－径流关系计算不同水资源开发阶段(或水平)的相同频率的径流特征,从而回避流域水资源开发利用调查给径流特征计算带来的困难和偏差。本章提出的就是这样一种方法。

3.1.2　中态分布降水、中值径流的提出

对于一个确定的闭合区域,其径流的汇出是由于区域的降水形成的,没有降水便没有径流。我们假定所选区域的年径流、年降水是独立的,在水文条件稳定阶段,流域年水文初始条件相同,即流域下垫面初始含水量相同(这符合一般水文假定)。

这样,对于一个确定的年降水(量),由于时程变化和区域的分配不同会有不同的径流量汇出。假定由降水分布的变化而导致的径流变化是均匀和连续的。对于确定量的降水 P_i,由于时程和空间分布的不同会有同量级不同过程的降水 P_{ij}(i 表示降水的量级, j 表示降水的分布),同样也会有一系列的径流汇出 $Q_{(i,j)}$,($j=1,2,3,\cdots,n$)。

在年降水确定后,径流量的不同是由降水分布的不同产生的。把由降水分布变化产生的径流变化由小到大排列,用 φ 表示年降水分布的变量,则 $Q=F(\varphi,P=P_i)=F(\varphi)$,如图 3-2 所示。

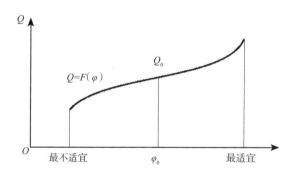

图 3-2　由降水分布做自变量的径流函数曲线

同时,假定由降水分布 φ 变化引起的径流变化是连续,且是有界的,总可以找到一种分布 φ_0,由 φ_0 产生的径流 $Q_0=F(\varphi_0)$ 位于该量级降水不同分布产生的径流的中部,使得径流大于和小于 $Q_0=F(\varphi_0)$ 的概率相等。我们定义这种径流为中值径流 $Q_0=F(\varphi_0)$,产生中值径流的降水为中等状态的降水分布或中态分布的降水,如图 3-2 所示。

可以假定同量级降水在不同时空分布产生的径流符合正态分布,则每一个量级的降水都会有

$$Q_{(i,0)}=F(P_{i,0})=\lim_{n\to\infty}\frac{1}{N}\sum_{j=1}^{j=n}Q_{(i,j)} \qquad (3\text{-}1)$$

水文上的径流系列多采用偏态分布,但对于总系列中的同降水形成的径流子系列(条

件概率）符合正态分布的假定并未影响总系列分布的特性。

　　对于确定的区域，径流是由降水形成的，一次降水会对应一次径流，降水和径流出现总概率是一样的。针对一种频率的降水量 P_i，由于分布不同，会有多个量同而分布不同的降水 $P_{i,\varphi}$，也就有多个径流样本出现 $Q_{(i,\varphi)}$，（φ 表示降水的分布 $\varphi=1,2,3,\cdots$），而这个频率的降水中，中态分布的降水径流 $Q_{(i,\varphi_0)}$ 位于这个径流子系列的中值，针对不同频率的降水（从大到小排列）就会出现如下形式

$$P_{1,1}, P_{1,2}, \cdots, P_{1,\varphi_0}, \cdots, P_{1,j} \cdots Q_{1,1}, Q_{1,2}, \cdots, Q_{1,\varphi_0}, \cdots, Q_{1,j}$$
$$P_{2,1}, P_{2,2}, \cdots, P_{2,\varphi_0}, \cdots, P_{2,j} \cdots Q_{2,1}, Q_{2,2}, \cdots, Q_{2,\varphi_0}, \cdots, Q_{2,j}$$
$$\cdots$$
$$P_{i,1}, P_{i,2}, \cdots, P_{i,\varphi_0}, \cdots, P_{i,j} \cdots Q_{i,1}, Q_{i,2}, \cdots, Q_{i,\varphi_0}, \cdots, Q_{i,j}$$

　　设每个子系列相邻两个样本之间的概率差为 μ，每个子系列总数 $2n+1$，那么每个子系列中大于和小于中值径流 $Q_{(i,\varphi_0)}$ 的出现概率均为 $n\mu$。我们知道大于中值径流的样本其出现会使中值径流的频率降低，小于中值径流样本的出现会使得中值径流频率提高，对于某个频率的降水，其大于和小于中值径流的样本出现概率是相等的，即大于中值径流的样本使其频率降低了多少，小于中值径流的样本就增加多少，则

$$P(Q_i\varphi_0)=P_{P_i}+n\mu-n\mu= P_{P_i} \qquad （3-2）$$

即，中值径流出现频率和降水的频率相同。

　　同理，我们亦假定对于同一径流的降水亦符合正态分布，即形成同一径流的小于中值的降水和大于中值降水的概率相同，中值降水和径流具有相同频率，如图 3-3 所示。

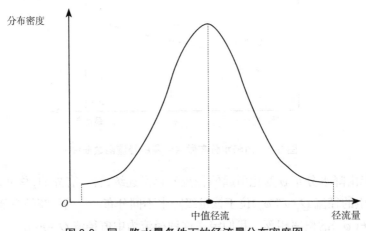

图 3-3　同一降水量条件下的径流量分布密度图

　　实际上，对于一个流域稳定的降水－径流点群，当假定同一降水产生的径流符合正态分布，以及形成同一径流的降水符合正态分布时，降水－径流点群的均值回归线、中值回归线、同频率线合三为一。

3.1.3　人类活动影响条件下降水径流系统的变化

　　我们可以把闭合流域当作一个系统，流域的降水－径流关系就是系统的表现，降水是输

入,径流是输出。在流域未受到人类活动的干扰时,降水-径流关系点群是稳定的,总围绕着一个系统中心左右跳动,跳动的原因是流域降水与流域需水的时空分布存在着差异,当这种差异利于产流时,降水-径流关系点出现在中心右边,反之出现在左边。这个中心就是流域的降水-中值径流关系,如图 3-4 所示。

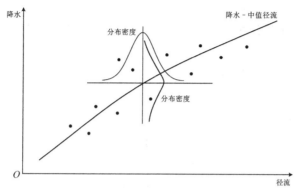

图 3-4　同一降水时径流分布及同一径流时降水分布示意图

当流域受到人类活动影响时,降水-径流点群会发生偏移,降水-径流关系点会围绕着新的中心左右跳动,相对于原来降水径流系统,新的系统已经有别于原来的系统,系统发生了改变,系统的中心发生偏移。

由于人类活动是一个逐渐的过程,不同的时期有着不同的活动改变量,因此,系统的偏移也是一个逐渐的连续过程,每一个相对稳定的流域状态就对应了一个相对稳定的降水径流系统,同时存在一个相对稳定的系统中心,这就是规划中常用的水平年概念,对于一个闭合流域,称之为流域水平年。

每一个流域水平年都对应一个流域降水径流系统,存在着一个系统中心,当流域的改变为连续不断时,表现在流域降水-径流关系中,成为一簇以时间为标识的降水-中值径流关系线簇,如图 3-5 所示。

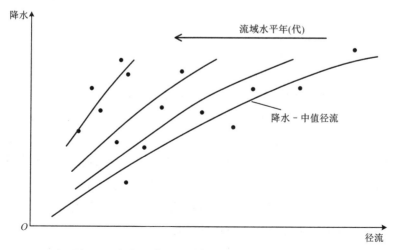

图 3-5　人类活动影响下的流域降水-径流关系图

3.1.4　利用双累积曲线识别人类活动影响

3.1.4.1　起源

可以采用双累积曲线（Double Mass Curve，DMC）、降水－径流关系和水文模型参数来识别人类活动的影响。双累积曲线和降水－径流关系的斜率若有明显变化，说明降水－径流（累积）关系发生了突变；不同时段的水文模型参数若有明显变化，说明降水－径流相应发生了变化，可能是人类活动影响造成的。以下以双累积曲线识别人类活动影响为例进行分析。

双累积曲线方法是目前用于水文气象要素一致性或长期演变趋势分析中，最简单、最直观、最广泛的方法。该方法最早由美国学者 C. F. Merriam 在 1937 年提出，用于分析美国萨斯奎汉纳河流域降水资料的一致性，从 1948 年开始一直被美国地质调查局使用，甚至应用于污水分析中。Searcy 等系统介绍了双累积曲线基本理论基础及其在降水、径流、泥沙量序列长期演变过程分析中的应用，进一步推动了双累积曲线在水文气象资料校验，人类活动对降水、径流及输沙量的影响等方面的广泛应用。河道内的径流量及输沙量的变化不仅受控于降水量变化，而且受人类活动的影响，为了把两者的影响分开，尽可能消除降水量变化所引起的影响，进而显现人类活动的作用，双累积曲线方法已成为一种常用的有效方法。因此，除降雨量资料的一致性检验与插补外，我国学者更多地应用双累积曲线法分析城市化过程、水利水保工程、土地利用及覆盖变化等人类活动对径流及输沙量变化的影响，以及水资源还原分析。但对其基本理论假设缺乏深入系统的了解会导致使用不当。

3.1.4.2　定义与假定

双累积曲线是检验两个参数间关系一致性及其变化的常用方法。所谓双累积曲线，就是在直角坐标系中绘制的同期内一个变量的连续累积值与另一个变量连续累积值的关系线，可用于水文气象要素一致性的检验、缺值的插补或资料校正，以及水文气象要素的趋势性变化及其强度的分析。Kohler 与 Searcy 等分析了双累积曲线的理论基础。Searcy 等认为，双积累曲线是基于一个事实所绘出的，即在相同时段内只要给定的数据成正比，一个变量的累积值与另一个变量的累积值在直角坐标上就可以表示为一条直线，其斜率为两要素对应点的比例常数。如果双积累曲线的斜率发生突变，则意味着两个变量之间的比例常数发生了改变或者其对应的累积值的比可能根本就不是常数。如果可以忽略比值是变量的可能性，接受两个变量累积值之间直线斜率已发生改变，那么斜率发生突变点所对应的年份就是两个变量累积关系出现突变的时间。Kohler 认为，只有在 3 种情况下才能够通过双积累曲线方法得到准确和有用的结果。第一，比较分析的要素具有高度的相关性；第二，所分析的要素具有正比关系；第三，作为参考变量观测数据在整个观测期内都具有可比性。也就是说，双累积曲线只有在以上条件下是适用和可靠的。

根据双累积曲线基本理论假设，按时间进程对降水、径流及输沙量等随机变化数据进行累加处理,可以起到对随机过程的滤波效果,削弱随机噪声,显现被分析要素的趋势性。与年际过程线等所表现的某水文气象要素的变化不同,双累积曲线主要是显现某要素的趋势性规律变化。利用双累积曲线可以揭示某要素是否发生突变,如果有变化,变化是从什么时间开始的,以及突变的强度。在一定条件下,绘制的双积累曲线通过肉眼就能比较容易地分辨出斜率是否发生趋势性变化及其突变点,这也是该方法能够成功应用的主要原因。但通过肉眼判断仍然存在很大的主观性,Weiss 和 Wilson 在 1953 年提出方差检验法,并绘制诺模图来分析两个时段双累积曲线斜率变化的显著性差异,用以确定具体的变化时间。Brunet-Moret 则认为历史资料序列因系统误差的影响而降低 t 检验的有效性,提出了双尾置信度的概念用于估算方差变化,从而能有效地辨别序列方差的变化。

3.1.4.3　理论基础

对于闭合流域,存在下列年水量平衡方程式

$$y=x-E-\Delta W-\Delta y_{H} \tag{3-4}$$

式中: x 为流域年降水量; y 为由 x 产生的包括各种径流成分的年径流量; E 为流域年蒸散发量; ΔW 为流域蓄水量的年变化量,可"正"可"负"; Δy_{H} 为人类活动对年径流的影响量,虽有"正""负",但一般认为在一个较长的时期内可系统地取"正"或取"负"。研究人类活动对年径流影响就是要对 Δy_{H} 的"正"或"负"进行识别,并进而对 Δy_{H} 的量进行估计。

直观地看,式(3-4)并不复杂,但由于只有 y 和 x 可通过观测直接或间接获得, E、ΔW 和 Δy_{H} 无法由观测得到。因此,由观测得到的 y 和 x 对应值点绘成的年降水 - 径流关系图就成为既散乱又似乎有一定分布规律的散点图(图 3-6)。究其散乱的原因:一是流域上的降水空间分布不均匀,且随时变化;二是流域下垫面条件在空间上存在变异;三是流域降水量年内分配各年不同;四是流域降水量是由一定雨量站网观测得到的点雨量,按一定的方法近似计算出的;五是点雨量观测和水位、流量观测均存在一定观测误差;六是 E、ΔW 和 Δy_{H} 至今无法直接观测,也无满足精度要求的理论公式可用。因此,年降水量与年径流量之间的关系就表现为介于函数关系和无关系之间的相关关系。若用概率论表达这种关系,有

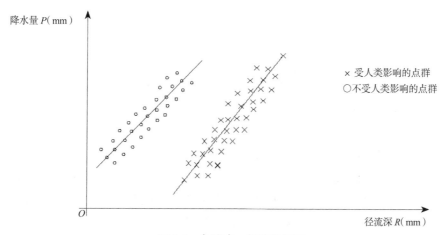

图 3-6　年降水 - 径流关系图

$$F(x,y)=F(x)F(y|x)=F(y)F(x|y) \qquad (3\text{-}5)$$

也就是说,如果找到了作为随机变量的年降水量和年径流量的联合概率分布函数,那么就可以由其中一个分布函数确定另一个分布函数了。若用数理统计方法表达这种关系,则可用均值回归线、中值回归线,甚至同频率相关线。两类表达方式各有特点,各有所用。如果是为着推求人类活动影响下的年径流频率曲线,则式(3-5)具有明显合理性。属于数理统计范畴的三个方法都是为试图用一个数来表达一个随机样本的,孰优孰劣,依具体条件而定。

将年降水量和年径流量按年序累加,式(3-4)可变为

$$\sum_{i=1}^{n} y_i = \sum_{i=1}^{n} x_i - \sum_{i=1}^{n} E_i - \sum_{i=1}^{n} \Delta w_i - \sum_{i=1}^{n} \Delta y_{H_i} \qquad (3\text{-}6)$$

式中各值都是变量按年序的累加值,随 n 取 1, 2, 3……而改变,故可点绘 $\sum_{i=1}^{n} x_i$ 与 $\sum_{i=1}^{n} y_i$ 关系图(图 3-7),称此为双累积曲线。

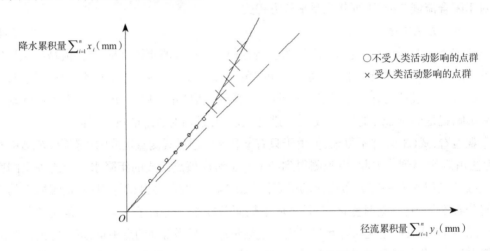

图 3-7　降水-径流双累积曲线示意图

由式(3-6)易知, $\sum_{i=1}^{n} \Delta w_i$ 随 n 的增大,将趋于 0;若无人类活动影响,当 n 较大时, $\left(\sum_{i=1}^{n} x_i - \sum_{i=1}^{n} y_i\right) = \sum_{i=1}^{n} E_i$;若人类活动影响明显,当 n 较大时, $\left(\sum_{i=1}^{n} x_i - \sum_{i=1}^{n} y_i\right) = \sum_{i=1}^{n} E_i + \sum_{i=1}^{n} \Delta y_{H_i}$ 。

以上表达闭合流域年降水-径流关系将有两种方式,一是散点图,二是双累积曲线。这两种表达方式在识别人类活动对年径流的影响将会得到一致的结论,因为双累积曲线的转折点(图 3-8)就是散点图中两组散点的分界(图 3-7)。但如着眼于年径流序列的"还原",似乎用双累积曲线法有一定优势(图 3-7)。

关于年降水-径流散点图(图 3-7)的回归线是否必须通过坐标原点(0,0)的问题,有待于进一步讨论,因为 $x=0$ 不是 $y=0$ 的唯一条件。虽然 $x=0$,y 将等于 0,但 $y=0$ 绝不仅仅是因为 $x=0$,在 $x \neq 0$ 的很多情况下 y 也可能为 0。这一点正是随机性支配为主的年降水-径流关系图不同于确定性支配为主的次降水-径流关系图的地方之一。

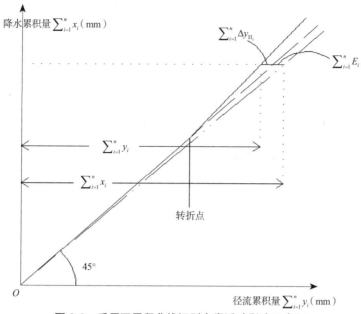

图 3-8　采用双累积曲线识别人类活动影响示意图

3.1.5　流域降水 – 中值径流的推求

3.1.5.1　流域降水 – 中值径流的推求

如上所述中态分布的降水产生的径流,是同一降水(量)不同分布所形成的径流子系列的中值。由于抽取的样本不是足够的多,每次降水形成的径流总是分布在中值周围,中态分布的降水以及中值径流难以实测取得,当我们点绘降水 – 径流关系时,降水 – 径流关系点群总是分布在中值径流的周围;径流或大于中值,或小于中值。大于中值点,径流频率小于降水频率;小于中值点,径流频率大于降水频率,如图 3-9 所示。

这样,每一个降水(量)都可以找到一个相同频率的径流(中值径流),由式(3-1)知,在降水径流关系点群中,点群的中线就是同频率降水 – 中值径流关系,如图 3-10 所示。

3.1.5.2　降水 – 中值径流推求实例

实例选取了大清河南支沙河上游的阜平站以上流域。阜平以上流域受人类活动改变较小,降水、径流系列具备一致性,年降水、径流系列长度为 35 年,所采用资料为海河流域水文年鉴资料,可靠性强,见表 3-1。

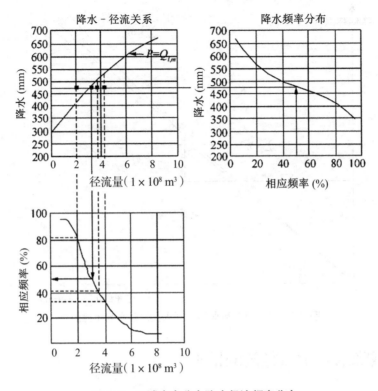

图 3-9　区域中态分布降水径流频率分布

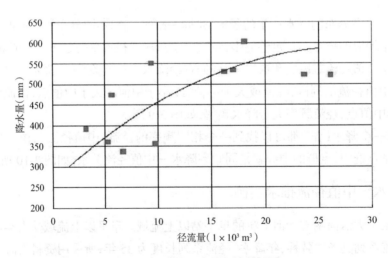

图 3-10　降水 - 中值径流关系图

表 3-1　阜平站降水、径流分析成果表

阜平站降水、径流资料							阜平站设计成果		
序号	年份	面平均年总雨量（mm）	实测径流量（×10⁸ m³）	序号	年份	面平均年总雨量（mm）	实测径流量（×10⁸ m³）	频率	降水量（mm）	径流量（mm）
1	1965	235.5	41.31	19	1984	269.9	16.44	0.01	1292.0	961.55

		阜平站降水、径流资料						阜平站设计成果		
序号	年份	面平均年总雨量(mm)	实测径流量(×10⁸m³)	序号	年份	面平均年总雨量(mm)	实测径流量(×10⁸m³)	频率	降水量(mm)	径流量(mm)
2	1967	654.6	224.72	20	1985	473.3	34.65	0.1	1 123.7	724.87
3	1968	426.9	83.26	21	1986	390.0	28.99	0.5	996.8	559.33
4	1969	476.6	126.65	22	1987	578.4	72.58	1	938.7	488.00
5	1970	407.6	83.37	23	1988	840.9	357.91	2	877.6	416.63
6	1971	457.3	87.79	24	1989	557.5	104.64	3	840.3	374.86
7	1972	238.1	16.85	25	1990	534.8	72.68	4	812.8	345.22
8	1973	813.1	281.61	26	1991	474.3	32.21	5	790.9	322.21
9	1974	459.8	66.54	27	1992	444.7	43.07	10	718.7	250.71
10	1975	449.9	65.69	28	1993	333.2	24.80	20	637.2	179.10
11	1976	603.5	162.09	29	1994	568.9	107.45	30	582.3	137.12
12	1977	704.0	286.16	30	1995	685.7	192.87	40	537.9	107.28
13	1978	699.6	280.47	31	1996	677.5	238.93	50	498.6	84.07
14	1979	575.2	186.67	32	1997	396.1	48.83	60	461.2	65.07
15	1980	473.3	49.33	33	1998	466.1	42.60	70	423.3	48.94
16	1981	436.2	59.62	34	1999	465.0	56.41	80	381.7	34.90
17	1982	617.9	134.47	35	2000	568.3	108.08	90	328.9	22.42
18	1983	438.2	50.21	—	—	—	—	95	289.2	16.62
阜平站降水、径流统计参数								96	278.3	15.49
均值						513.9	115.6	97	265.3	14.37
C_v						0.300	0.896	98	248.7	13.24
C_s/C_v						2.00	2.21	99	224.0	12.12
								99.5	203.0	11.56
								99.9	164.3	11.10
								99.99	124.6	11.00

分别进行降水、径流的频率分析,计算降水、径流特征参数及不同频率特征值,点绘年降水径流关系点群及同频率降水 - 径流关系,如图 3-11 所示。同频率的降水、径流位于降水 - 径流关系点群中心。

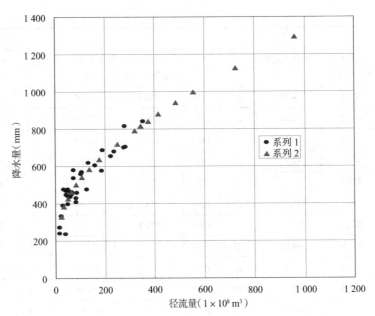

图 3-11　阜平站降水 - 径流关系分布及同频率降水 - 径流关系图

3.1.6　降水 - 中值径流法的应用

3.1.6.1　计算区域地表径流汇出特征(同频法)

由于控制区域不同阶段对水资源的要求变化,使得控制站测得的地表径流系列已经不具备一致性,用这样系列已经不能用数学的方法去计算区域水资源的统计特征。由于上游水资源开发利用量调查的困难和不准确程度较高,使得还原后的系列可靠性变低,以至于计算结果难以代表区域径流特征。而利用降水 - 中值径流同频的特性,当获取了区域降水特征后,很容易找到与降水特征同频率的汇出径流,于是区域径流汇出特征计算变得简单而可靠了。

1)基本假定及适用条件

(1)假定区域降水条件没有较大变化,即假定区域降水系列具备一致性。

(2)假定控制站的地表径流系列具备阶段稳定性,及某个阶段的径流系列具备一致性。

(3)区域降水系列足够长,即降水系列具有代表性。

2)计算方法

(1)计算区域降水统计特征。

(2)求算区域降水 - 中值径流关系图。点绘区域年降水 - 年径流汇出量关系分布图,当区域降水径流关系点足够多时,针对不同的区域水资源开发阶段存在不同的降水 - 径流关系点群,在相对稳定的水资源开发阶段点绘降水 - 径流关系中心线,即各稳定阶段降水 - 中值径流关系线。

(3)通过降水分析计算的不同频率降水量计算区域地表径流汇出量。在步骤(2)中绘

出的降水－径流关系点群的降水－中值径流关系线上,通过降水分析计算的不同频率降水
量(如保证率为 20%、50%、75%、95% 的区域降水量)查算区域地表径流汇出量,即为在该水
资源开发水平下的相应频率区域地表径流汇出特征,如图 3-12 所示。

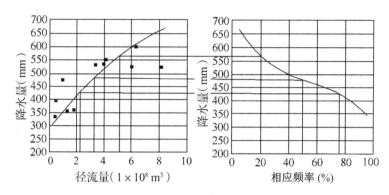

图 3-12　通过降水特征计算径流汇出特征过程图

3.1.6.2　利用中值径流计算区域水资源开发变化量

点绘计算区域年降水－径流关系图,如图 3-13 所示,相邻两组点群的中心线的水平距
离即是相邻 2 个年段(年代)区域水资源开发变化量。

3.1.6.3　利用中值径流进行还原计算

如前所述,对于一个闭合流域的降水－径流关系,随着开发水平的不同(流域水平年),
会出现不同的流域降水－径流关系点群,也会出现不同系统中心(降水－中值径流关系),
两个系统之间的降水－径流关系点的转换,即是径流还原计算的过程。

我们可以通过两个系统之间的降水、径流的同频率转换去实现这个过程,如图 3-13 所
示,把 A 还原到 A_1。

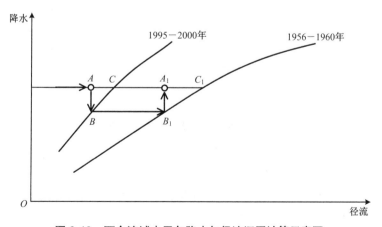

图 3-13　两个流域水平年降水与径流还原计算示意图

A 点属于 1995—2000 年系统, A 点自身降水与径流频率并不相同, A 的降水频率同 C,

径流频率同 B,通过 C 降水频率在 1956—1960 年系统找到 C_1,通过 B 的径流的频率找到 B_1,通过 B_1C_1 交汇于点 A_1。A 与 A_1 降水频率和径流频率都是对应相同的,他们分别属于 2 个系统。

3.1.6.4 应用实例——利用中态分布降水径流计算天津市入市径流特征

天津市位于海河流域最下游,由于上游区域水资源开发程度的变化,其入境水量特征计算一直是一个难以解决的问题,利用同频计算法恰恰回避了这一问题。天津市入市径流包括 3 部分:海河北系北三河山区入境径流、海河北系平原(北四河下游平原)入境径流、大清淀东平原入境径流。由于大清淀东平原 40% 年份入境径流已经为 0,没有再行计算的必要,本次计算仅针对海河北系丰、平、枯进行,不再进行分区的组合。

1)海河北系降水特征

海河北系天津上游的降水特征采用 1956—2000 年系列计算结果,见表 3-2。

表 3-2　海河北系降水特征成果表

河系	系列	C_v	C_s/C_v	均值	20%	50%	75%	95%
海河北系	1956—2000 年	0.19	2	489.4	565.5	483.5	423.8	347.1

2)建立海河北系天津上游降水 - 中值径流关系

针对海河北系的入境水量,考虑上游水资源开发利用的变化的现状水平,仅考虑 20 世纪 90 年代后的点距,做点群平均线,北系降水 - 平原入境径流、北系降水 - 山区入境径流分布图,如图 3-14 所示。

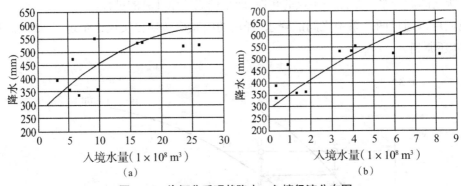

图 3-14　海河北系现状降水 - 入境径流分布图
(a)平原入境　(b)山区入境

3)通过降水特征查算入境水量

通过降水特征(20%、50%、75%、95% 的降水量)查算现状水资源开发水平下的入境控制站地表径流汇出特征,见表 3-3 与表 3-4。

表 3-3　海河北系平原不同保证率入境水量

保证率	海河北系降水量（mm）	海河北系平原入境水量（1×10^8 m³）
均值	489.4	—
20%	565.5	21.1
50%	483.5	11.8
75%	423.8	7.7
95%	347.1	3.8

表 3-4　海河北系山区不同保证率入境水量

保证率	海河北系降水量（mm）	海河北系平原入境水量（1×10^8 m³）
均值	489.4	—
20%	565.5	5.1
50%	483.5	3.3
75%	423.8	2.1
95%	347.1	0.8

中态分布的降水所产生的中值径流,其径流量的发生频率与降水频率相同。利用这一特性,计算控制站地表径流的汇出特征,回避了区域水资源开发利用调查给汇出地表径流系列带来的偏差,使得在人类活动影响下区域水文特征计算变得准确简洁方便。利用不同阶段(系统)的降水－中值径流关系,可以方便地计算阶段水资源开发变化量。利用不同阶段(系统)的降水－中值径流关系及特性,还原现状年降水条件下历史(不同阶段)出流过程,回避水量还原法、水文模型法在计算中的误差和缺陷,操作方便,计算准确。为受人类活动影响条件下的区域径流水文计算提供了新的计算方法。

3.2　实验应用及研究区域的基本情况

选取州河于桥水库以上流域、海河闸海河南系、永定河水系响水堡以上流域、潮白河水系三道营以上流域、20 世纪五六十年代大清河水系紫荆关以上流域、西大洋水库、王快水库以上流域为实验应用研究区域。还原于桥水库以上流域降水出流过程与海河南系流域暴雨降水出流过程。选择永定河水系响水堡、潮白河水系三道营、大清河水系紫荆关、西大洋水库、王快水库等断面,采用中值径流法计算天然年径流系列的特征值,并与传统的水量平衡法计算结果进行比较验证。

3.2.1　于桥水库以上流域

于桥水库以上流域的水文气象与下垫面特征详见第二章 2.2 节。20 世纪 50 年代以来,植被覆盖率明显提高,水利工程建设迅速,尤其是供人类用水的蓄引提水工程的建设,造成流域下垫面条件发生很大变化,对于桥水库流域径流量影响很大。

3.2.2　海河水系流域

海河水系处于东经 112°—119°、北纬 35°—42°，东临渤海，南界黄河，西靠云中、太岳山，北倚蒙古高原；地跨 7 省、自治区、直辖市，包括北京、天津的全部，河北省的绝大部分，山西省东部，河南、山东省北部以及内蒙古自治区一小部分，流域面积 23.5×10^4 km²。

海河水系地处温带半湿润、半干旱大陆性季风气候区。潮白河、永定河山区北部属中温带半干旱气候区，永定河山区西南部、滹沱河山区、漳河山区属南温带半干旱气候区。

海河水系多年平均降水量 528 mm，是我国东部降水最少的地区，多年平均水面蒸发量 850~1 300 mm（E601 型蒸发器），平原大于山区。干旱指数 1.5~3.0。陆面蒸发量 470 mm，山区小于 500 mm，平原大于 500 mm。

海河水系分北系和南系，各支流分别发源于蒙古高原、黄土高原和燕山、太行山迎风坡，由北系（蓟运河、潮白河、北运河、永定河）南系（大清河、子牙河、漳卫南运河、黑龙港运东诸河和海河干流组成，水系面积 23.5×10^4 km²。海河水系各河集水面积统计，见表 3-5。

表 3-5　海河水系各河集水面积统计表　　　　　　单位:km²

水系	分区	集水面积		
		山区	平原	合计
海河北系	北三河水系	21 708	14 345	36 053
	永定河	45 179	1 887	47 066
	小计	66 887	16 232	83 119
海河南系	大清河	18 807	24 258	43 065
	子牙河	30 943	15 385	46 328
	子牙新河			
	黑龙港及运东渚河	0	22 580	22 580
	漳卫南运河	25 738	11 962	37 700
	漳卫新河			
	海河干流	0	2 066	2 066
	小计	75 488	76 251	151 739
合计		142 375	92 483	234 858

3.2.3　三道营、响水堡、紫荆关、西大洋、王快水库等断面情况

3.2.3.1　三道营水文站基本情况

三道营水文站为黑河下游控制站。黑河系潮白河水系白河支流，发源于沽源县老掌沟，泉眼成群、汇流成河。自上而下主要汇入河流有老栅子、二道川、白草沟、于家营、青羊沟、瓦房沟、到的沟等，至北京市延庆区菜木沟村入白河。

三道营水文站由河北省设立于 1959 年 4 月,水文站以上集水面积 1 600 km²,观测至今。流量资料为 1959 至 2012 年共 54 年。

3.2.3.2　响水堡水文站基本情况

响水堡水文站位于永定河上游两大支流之一的洋河上,洋河干流长 106 km,流域面积 16 250 km²,洋河沿途纳洗马林河、古城河、城西河、洪塘河、清水河、龙洋河、戴家营河、鸡鸣驿东沙河、盘常河等支流,在怀来县夹河村与桑干河汇合后称为永定河。

响水堡水文站始建于 1935 年 5 月,位于河北省张家口市辛庄子乡响水堡村。1938—1939 年、1946 年停测,1959 年观测水位,1956—1958 年兼测东、西沙河水位、流量。响水堡流量观测资料自 1935 年设站,至 2012 年有 75 年资料。

3.2.3.3　紫荆关水文站基本情况

拒马河属海河流域大清河水系北支,发源于河北省涞源县涞源泉,沿途有乌龙沟汇入,随之流入易县境内。紫荆关水文站于 1949 年建站,位于易县紫荆关镇紫荆关村,属拒马河深山区代表站及控制站,集水面积 1 760 km²。1958 年,在紫荆关水文站上游 1 000 m 右岸处修建五一渠,引水入安各庄水库。

1949 年 9 月设立紫荆关水文站,观测至今,有 1949 年至 2012 年 63 年的实测水文资料。

3.2.3.4　西大洋水库站基本情况

西大洋水库位于大清河南支唐河上,唐河古称滱水,发源于山西省浑源县南部的恒山,在灵邱县东南入保定市涞源县境,经水堡、走马驿进入唐县,经倒马关、中唐梅进入西大洋水库。西大洋水库为大（Ⅰ）型水库,总库容 11.37×10^8 m³,其中调洪库容 7.58×10^8 m³,兴利库容 5.148×10^8 m³,以防洪为主,兼顾向城市供水、灌溉、发电。

1951 年 6 月,由河北省水利厅设西雹水水文站,1953 年增加灌渠观测。1959 年 3 月,改为西大洋水库专用站,位于唐县雹水乡西雹水村西大洋水库院内,水文站测流断面为西大洋水库的出库径流断面。西雹水水文站及西大洋水库水文站观测资料为 1951 年至 2012 年。

3.2.3.5　王快水库站基本情况

王快水库水文站位于大清河南支沙河中上游,沙河古称"泒水",俗称大沙河,发源于山西省灵邱县太白山碾盘岭北麓,在灵邱县西南入保定市阜平县境,经下关进入阜平县,期间有支流北流河在百亩台汇入,阜平境内有县北沟、板峪河、鹞子河、平阳河均发源于神仙山和胭脂河,进入王快水库。

王快水库是一座以防洪为主、灌溉结合发电的大（Ⅰ）型水利枢纽工程,最新增加向城市供水功能。水库主要建筑物有拦河坝、溢洪道、泄洪洞和水电站。控制流域面积

3 770 km²,占沙河流域面积的 59%,水库总库容 13.89 × 10⁸ m³,其中调洪库容 8.56 × 10⁸ m³,兴利库容 5.91 × 10⁸ m³。

王快水库水文站前身为南雅握水文站,建于 1951 年 6 月;1960 年 4 月上迁 4 000 m,为王快水库水文站,位于河北省曲阳县党城乡郑家庄村,是山区代表站、水库站。测站类别为基本站,测站级别为国家重要站。该站设有 3 个测流断面:泄洪洞断面,发电洞、小水电测流断面,溢洪道断面。王快水库水文站有建站至 2012 年的水文资料。

3.3　人类活动影响的识别

3.3.1　采用双累积曲线识别人类活动的影响

根据 1956—2012 年于桥水库以上流域面平均降水量及于桥水库入库断面径流量数据系列,首先计算出降水量和径流量的累积值,然后在直角坐标系中以被检验的变量(径流量累积值)为纵坐标,以参考变量(周围临近的多个雨量站的面平均雨量累积值)为横坐标绘制曲线图,即可得到流域降水 – 径流双累积曲线(图 3-15)。观察其斜率的变化过程,如果斜率没有明显突变,说明人类活动对径流量无显著影响,反之则说明人类活动对径流量有显著影响。斜率发生显著改变处对应的就是径流量开始发生显著变化的年份。分析流域的双累积曲线发现,斜率在 1971、1977、1980、1983 和 2000 年出现明显转折,说明人类活动对于桥水库以上流域降水 – 径流关系有显著影响。

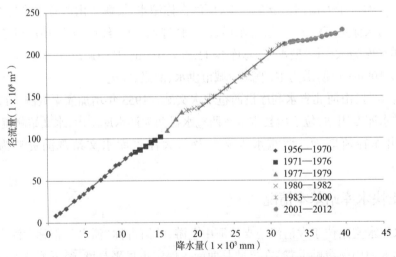

图 3-15　1956—2012 年于桥流域降水 – 径流双累积曲线

3.3.2　原因分析调查

3.3.2.1　年蒸发量变化调查

蒸发是水文循环中与水量和热量均有密切关系的重要物理过程。对于径流形成过程而言,蒸发是一种径流的损失过程。以于桥水库站 1965—2012 年逐年蒸发量系列分析流域的蒸发变化情况,见图 3-16。从图中可以明显看出,年蒸发量存在着 10 年以上的周期变化（分别为 1965—1968 年、1969—1985 年、1986—1997 年、1998—2012 年）。从整体变化趋势来看,于桥水库站年蒸发量呈现周期性交替变化,且总体呈减小趋势。

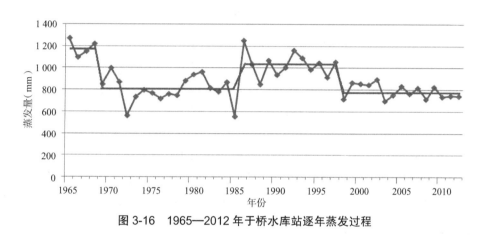

图 3-16　1965—2012 年于桥水库站逐年蒸发过程

3.3.2.2　地表植被变化调查

于桥水库流域内有著名的清东陵,清东陵以北地区曾被划为清东陵“后龙风水禁地”,封禁达 270 多年,所以流域上游地区山场广阔、奇峰林立、树木繁茂、牧草丰盛,植被覆盖率非常高。中下游地区在遵化市政府及蓟县政府的多年努力下,植被覆盖面积多年来也在不断扩大,2005 年流域的植被覆盖率达到了 54.0%。流域内植被覆盖面积变化情况如表 3-6 和图 3-17 所示。

表 3-6　于桥水库以上流域植被覆盖面积变化情况表

指标	1975 年	1980 年	1985 年	1990 年	1995 年	2000 年	2005 年
植被面积(hm²)	67 299	69 461	75 979	84 684	101 066	106 030	111 342
植被覆盖率(%)	32.7	33.7	36.9	41.1	49.1	51.5	54.0

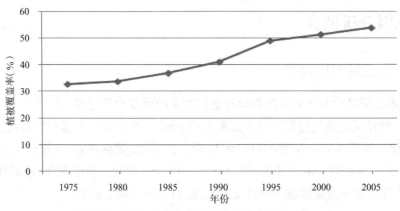

图 3-17　1975—2005 年于桥水库以上流域植被变化

流域内森林植被率对产汇流机制影响是十分显著的。影响流域蒸发的主要因素有气象条件、土壤供水条件、植被覆盖、土壤特性以及地貌特征等。土壤供水条件主要指土壤中可供蒸发的水量,这种特征量直接影响着蒸发量的大小。在供水充分的湿润流域,植被覆盖率增大,蒸散发系数、最大自由水蓄水容量和稳定下渗率都会增大,使得径流减少,洪峰减小,历时增长,这样就削减了洪峰,降低了洪水决堤及淹没损失,同时峰现时间滞后,为防洪决策赢得了时间。在供水受到限制的干旱流域,实际蒸散发取决于供水条件和植被需水量的最小值,由于土壤供水受到限制,植被覆盖率大的地方,实际蒸散发未必就大。总之,植被覆盖率的增大会改变流域产汇机制,使径流模式更趋向于蓄满产流或先超渗后蓄满产流模式。

3.3.2.3　水利工程建设调查

流域内目前共有中小型水库 32 座,总库容 13.985 × 10⁷ m³。其中中型水库 3 座,分别是位于淋河上的龙门口水库(于 2006 年完成水库续建工程,总库容 2.970 × 10⁷ m³,兴利库容 1.300 × 10⁷ m³),沙河支流魏进河上的上关水库(控制面积 175 km²,兴利库容 2.442 × 10⁷ m³),沙河上的般若院水库(控制面积 130 km²,兴利库容 2.585 × 10⁷ m³)。小(Ⅰ)型水库 2 座,般若院水库上游的大河局水库(控制面积 30 km²,兴利库容 0.238 × 10⁷ m³),黎河上游的接官厅水库(控制面积 25 km²,兴利库容 0.313 × 10⁷ m³)。中型水库、小(Ⅰ)型水库全部分布在遵化市境内,遵化市境内水库总库容占到流域内水库总库容的 95% 以上。

引提水工程大部分在遵化市境内。2005 年,遵化市流域内共有引水工程 95 处,扬水工程 705 处,且机电井近年来也呈小幅递增的趋势。全市共有 6 处万亩灌区(上关东、西灌区,般若院水库灌区,东风灌区,水平口灌区和五一渠),全部在流域范围内。值得注意的是由于近年来地表水资源的减少,流域内农村集雨水窖的建设非常迅速,目前仅遵化市建成的集雨水窖总数达到 21 300 个,遍布 22 个乡镇。水窖的规模虽小,但数量颇多,这大大减小了河道径流量。

3.3.2.4　地下水埋深变化调查

地下水埋深变化对径流的影响是通过影响包气带厚度来影响产流机制的。地下水位降低,包气带厚度增大,相应的包气带缺水量随之增大,一次降水发生后,需大量补充包气带缺水量,产生的径流量相应会减少;反之,地下水位上升,包气带厚度减小,一次降水补充包气带水量较少,产生的径流量会增加。

于桥水库以上流域内共有潜水地下水位监测井 5 眼,全部位于河北省遵化市内,同时选取于桥流域周边潜水地下水位监测井 2 眼作为参考。地下水位监测井具体情况见表 3-7,地下水位监测井分布情况,如图 3-18 所示。

表 3-7　地下水位站基本情况表

站名	位置	所处河流	设立年月	地下水类型	井深(m)
泉水头	刘备寨乡泉水头村南 100 m	黎河	1976.1	潜水	10.5
大柳树	崔家庄乡大柳树村东南 500 m	黎河	1982.7	潜水	10.2
东新庄	东新庄镇东新庄村村内	黎河	1986.1	潜水	17.6
南新城	马兰峪镇南新城村村内	沙河	1984.2	潜水	14.5
新店子	堡子店乡新店子村村内	沙河	1985.1	潜水	18.0
罗庄子	罗庄子镇罗庄子水利站内	沟河	1981.1	潜水	18.0
张王庄	礼明庄乡张王庄村北	州河	2007.5	潜水	18.0

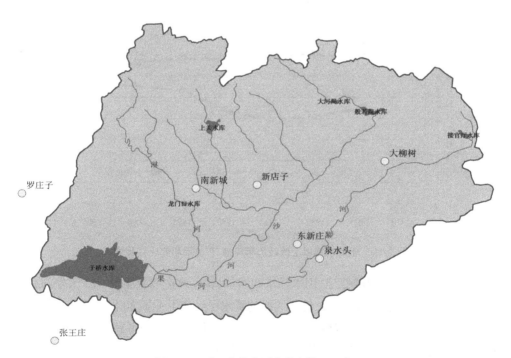

图 3-18　地下水位监测井分布情况示意图

分别统计 5 处地下水位站自建站至今的年平均埋深、年最大埋深、年最小埋深的 3 种特征值系列,对系列分析发现,除东新庄站外,其他 4 处地下水位站的年平均埋深、年最大埋深、年最小埋深 3 个统计特征值全部呈增大趋势。东新庄站年最小埋深、年平均埋深系列变化不明显,年最大埋深与其他 4 站相反,有减小趋势,分析其原因为该站测井紧靠黎河河道,受引滦输水影响,河水有对河道两侧补给地下水作用造成。从各站地下水埋深的多年变化情况看,地下水位的下降,对径流量的减少有部分贡献作用。

3.3.2.5　土地利用情况调查

从土地利用情况看,20 世纪 70 年代流域内约有耕地 7×10^4 hm²、森林 4.44×10^4 hm²,而到了 2005 年,流域内耕地面积减少为 6.15×10^4 hm²,森林面积在 1975—1985 年的 10 年间减少了 0.53×10^4 hm²;从 1985 年开始,森林面积开始增加,到 2005 年增加到了 5.54×10^4 hm²。在耕地面积中,水浇地面积随总耕地面积的减少逐年减少。由于城市建设、居民用地及退耕还林等不断增加,水库以上流域在 1990—2005 年间,耕地面积减少了 6 536 hm²,平均每年减少耕地 408 hm²。流域内具体耕地、森林面积变化如表 3-8 和图 3-19。

表 3-8　于桥水库以上流域历年耕地、森林面积统计表

指标	1970 年	1975 年	1980 年	1985 年	1990 年	1995 年	2000 年	2005 年
森林面积(hm²)	—	44 405	40 985	39 110	44 012	53 446	55 035	55 417
耕地面积(hm²)	71 115	70 479	70 046	69 015	68 054	67 772	66 560	61 518

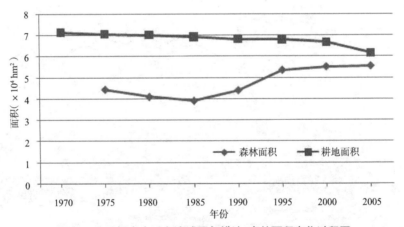

图 3-19　于桥水库以上流域历年耕地、森林面积变化过程图

人口的增加、水利工程的修建、用水耗水的增加、城乡改造以及生活、生产、生态结构变化改变了水库汇水区的产汇流条件,使得同样的降水已经产生不了 20 世纪五六十年代的径流。如此受人类活动影响的大流域,采用传统的径流还原计算方法可靠性非常低,本课题提出的中值径流还原法为此类流域的水文计算提供了重要手段。

3.4　中值径流法在水文计算中的实践及应用

在应用水文比拟法进行水文还原计算时,典型年的选择对径流出流过程影响较大,也是

计算的技术难点。利用中态分布的降水与中值径流同频的特性,当获取了区域降水特征后,很容易找到与降水特征同频率的汇出径流。基于以上中态分布降水与中值径流的相关原理,采用同频率降水控制相似降水分布的方法可以有效解决水文比拟法典型年的选择这一难题,达到还原计算结果的真实性。利用中值径流法的原理,计算海河水系 5 个断面的年径流量系列特征值。针对于桥水库入库径流量与海河入海水量的不同特点,分别设计径流还原方案。

3.4.1　于桥水库入库径流还原计算方案

于桥水库入库径流还原计算采用的方案如下。

（1）进行流域调查和划分,确定历史年代控制断面汇水区区域范围,即于桥水库入库断面的汇水区域范围。

（2）针对确定的汇水区,即于桥水库以上流域,逐年计算区域面平均降水,并进行频率分析。

（3）分析于桥水库以上流域逐年降水与实测入库径流关系,分析不同降水分布及不同下垫面条件的降水－径流关系。点绘区域逐年的降水－径流关系曲线。分析不同水平的降水－径流特性。

（4）在接近天然状态的历史年代选取与现状年降水分布相同（相近）的典型年,并推算其年径流。

（5）根据现状年径流过程或现状年降水过程,缩放至选取的典型年的径流过程,即得到现状年于桥水库入库径流同等降水分布条件下的天然径流过程,如图 3-20 所示。

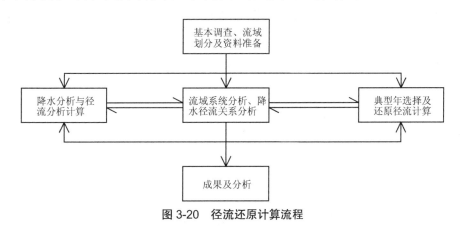

图 3-20　径流还原计算流程

3.4.2　海河入海径流量还原计算方案

对于海河入海径流量还原计算采用的方案如下。

（1）由于海河入海控制断面以上没有明确边界的汇水区域,选择入海水量与海河入海水量紧密相关的水系。

（2）分析选定水系的降水－径流相关关系,利用降水－径流双累积曲线的转折点找出降水－径流关系发生比较明显变化的年代时间段。

（3）利用中值径流法,对水系的现状年入海水量进行还原计算。

（4）估算水系入海水量与海河入海水量的比例关系,利用此比例关系与水系现状年入海水量的还原计算结果,估算出海河现状年入海水量的还原值。

（5）选择与现状年降水量级和分布接近的还原年代的某年,按海河该年的月入海水量,分配海河现状年还原入海分配至各月。

（6）选取一个与海河入海水量相关的大清河水系,进行上述还原计算,计算结果与利用海河水系入海水量还原的海河入海水量进行对比验证。

3.4.3　三道营、响水堡、紫荆关等流域的年径流还原计算方案

对于三道营、响水堡、紫荆关等流域的年径流还原计算采用的方案如下。

（1）水利部天津水利水电勘测设计研究院通过水资源开发利用调查的方法,对永定河水系响水堡、北三河水系三道营、大清河水系紫荆关、西大洋水库、王快水库5个断面1953年(或1954年、1956年)至2012年年径流系列进行了还原计算工作。本课题选择相同的断面以便进行方法比较与验证。

（2）基于5个断面1956—2012年的实测降水资料系列进行降水频率的适线计算,根据适线结果绘制频率曲线,分别得到其降水系列的特征值。

（3）根据降水径流双累积曲线识别人类活动的影响,并将流域下垫面情况划分为几个时期,分别绘制各时期的降水－中值径流相关线。

（4）根据降水特征值,分别查不同时期的降水－中值径流相关线就可以得到不同时期的径流特征值。

（5）与通过水量还原法分析计算的年径流量特征值进行比较,对比分析中值径流法与水量还原法计算成果。

3.5　于桥水库入库径流还原计算

3.5.1　降水量

降水要素包括:降水量、降水历时、降水强度、降水面积。在已确定的流域范围内,降水量的大小是影响产生径流量多少的最直接因素,其次还与降水强度及降水历时有关。本次主要分析降水量的变化趋势。

1)资料系列的选择

面雨量采用于桥水库等10个雨量站1956—2012年降水量资料,所采用的资料均经过水文部门的资料整编,可靠性高。

2)降水量统计特征分析

于桥水库以上流域面雨量采用泰森多边形法计算,得出流域平均降水量,采用皮尔

逊 - Ⅲ型曲线,进行适线,获得流域平均降水量特征值,如图 3-21 所示。于桥水库以上流域 1956—2012 年系列多年面平均降水量 698.1 mm, C_v=0.30, C_s/C_v=2.0, 20% 频率下为 865.5 mm,50% 频率下为 677.2 mm,75% 频率下为 547.8 mm,95% 频率下为 392.8 mm。

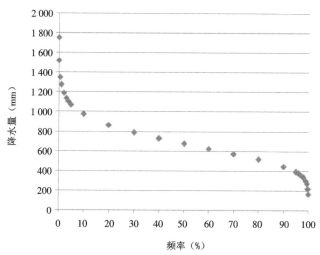

图 3-21　于桥水库以上流域面平均降水频率曲线

3)多年平均降水量年内分配

于桥水库流域内降水量具有年内非常集中的特点,多年平均的降水量月分配比较集中, 6—9 月汛期降水量占全年降水量的 72.5%~90.2%,其他月份降水量占全年降水量的 9.8%~27.5%。

4)典型年降水量年内分配

降水量的年内分配,根据不同的设计要求,多采用接近设计值选择典型年的办法。采用 于桥水库作为代表站,其典型年的选取先根据保证率 20%、50%、75% 和 95% 的年降水量, 挑选若干降水量接近的实际年,然后从中选出资料较好的作为典型年的代表。代表站典型 年降水量年份分配,如图 3-22 所示。

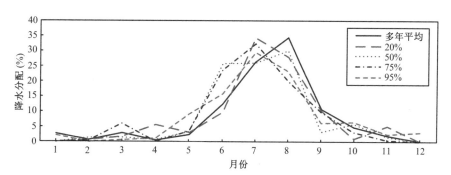

图 3-22　于桥水库站典型年降水量年内分配

丰水年份的年降水量月分配比较集中, 6—9 月汛期降水量占全年降水量的 82.5%,其 他月份降水量占全年降水量的 17.5%。在枯水年份,汛期降水量所占比重约减少 4.5%, 5 月份和 10 月份降水量所占比重增加 5.5%~6.1%。

　　5）降水量变化趋势分析

　　从降水量的年际变化过程及趋势上看,于桥水库流域降水除按丰平枯周期变化外,没有明显的下降趋势,说明于桥水库流域气候条件没有明显的改变,如图 3-23 所示。

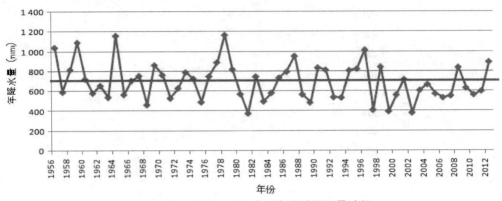

图 3-23　1956—2012 年于桥流域面雨量过程

3.5.2　入库径流量

　　1）入库径流量计算

　　以于桥水库入库断面作为于桥水库以上流域出口断面,其年入库径流计算的水量平衡公式为:

$$W_{入库} = W_{蓄} + W_{出库} + W_{电厂} + W_{蒸} - W_{库区降水} - W_{调水} \tag{3-6}$$

式中:$W_{入库}$ 为控制断面入库年径流量;$W_{蓄}$ 为于桥水库年蓄水变量;$W_{出库}$ 为于桥水库实测出库年径流量;$W_{电厂}$ 为国华及盘山电厂在库区间的取用水量;$W_{蒸}$ 为于桥水库年蒸发损失水量;$W_{库区降水}$ 为于桥水库库区降水量;$W_{调水}$ 为引滦引水量。

　　$W_{蓄}$ 为于桥水库实测年蓄水变量,数据经过水文部门的资料整编,可靠性高。1960—2012 年于桥水库蓄水过程,如图 3-24 所示。

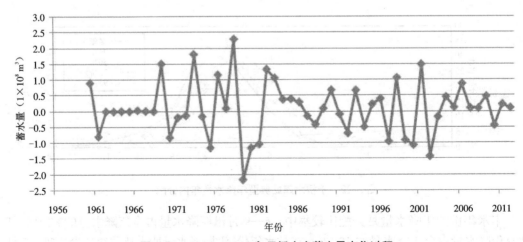

图 3-24　1960—2012 年于桥水库蓄水量变化过程

$W_{出库}$ 为于桥水库实测出库年径流量,数据经过水文部门的资料整编。1956—2012 年于桥水库实测出库断面过程,如图 3-25 所示。

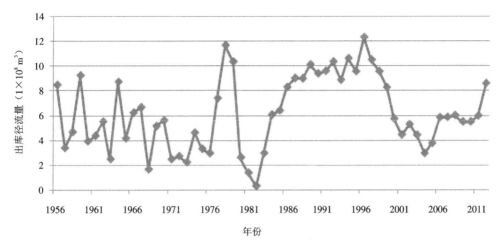

图 3-25 1956—2012 年于桥水库出库断面实测年径流量

$W_{电厂}$ 为国华及大唐电厂在库区间的取用水量,经过水文部门的资料整编。1995 年—2012 年库区间取用水过程,如图 3-26 所示。

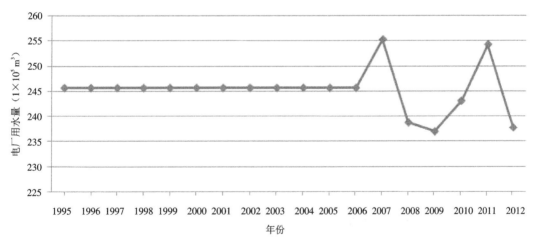

图 3-26 1995—2012 年库区间取用水量变化过程

$W_{蒸}$ 为于桥水库年蒸发损失水量,通过于桥水库逐月平均水位推求对应水库水面面积,水库水面面积与该月的月蒸发量(E601 蒸发器观测值)乘积为库区逐月水面蒸发量,经累计得到库区年水面蒸发量。1961—2012 年于桥水库库区年蒸发量与水面面积关系,如图 3-27 所示。

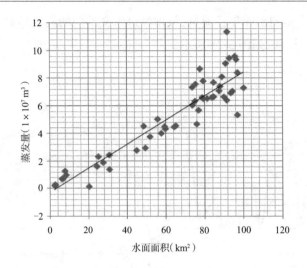

图 3-27　1961—2012 年于桥水库库区年蒸发量与水面面积关系

由 1961—2012 年于桥水库库区年蒸发量变化过程,可以看出整体上呈现阶梯上升的趋势,至 2000 年前后略有下降,如图 3-28 所示。

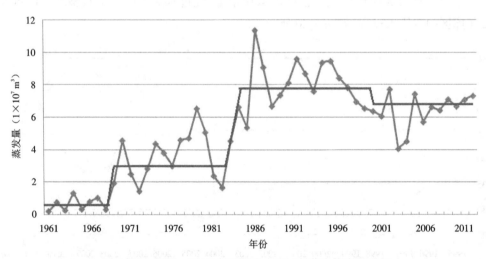

图 3-28　1961—2012 年于桥水库库区年蒸发量变化过程

$W_{库区降水}$ 为于桥水库库区降水量,通过于桥水库逐月水位推求对应水库库区水面面积,水面面积与该月降水量的乘积为库区逐月降水量,经累计得到库区年降水量。1961—2012 年于桥水库库区年降水量与水面面积关系,如图 3-29 所示。

$W_{调水}$ 为自 1983 年起"引滦入津"工程从河北省大黑汀水库的引水量,采用引滦入津隧洞出口实测径流资料,数据经过水文部门的资料整编,可靠性高。由 1983—2012 年于桥水库引滦调水过程,可以看出调水量整体上呈现上升的趋势,但至 2000 年后略有下降,如图 3-30 所示。

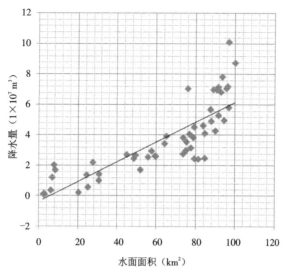

图 3-29　1961—2012 年于桥水库库区年降水量与水库库区水面面积关系

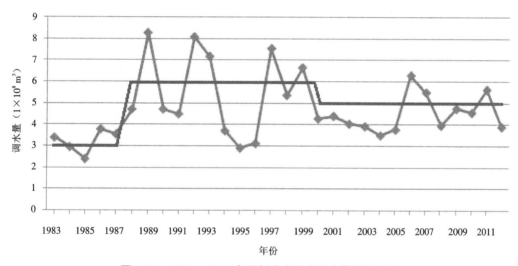

图 3-30　1983—2012 年于桥水库引滦调水量变化过程

$W_{入库}$ 为于桥水库入库断面年径流量,1956—2012 年于桥水库入库断面年径流过程,如图 3-31 所示。

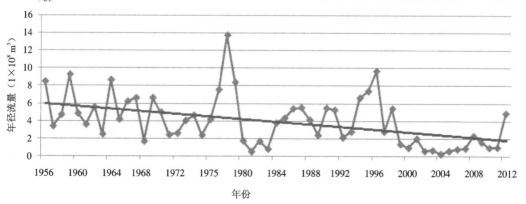

图 3-31　1956—2012 年于桥水库入库断面径流量变化过程

2）入库径流量变化趋势分析

从径流的年际变化过程及趋势来看，于桥水库入库径流年际变化除了随着降水丰、平、枯的年际周期变化外，还有着明显的下降趋势。说明于桥水库流域在气候条件没有明显改变的情况下，流域下垫面的变化对入库径流的影响非常显著。

3.5.3 于桥水库以上流域入库径流还原计算

1）年降水－径流曲线分析

流域的下垫面稳定是降水－径流系统稳定的基础。当流域下垫面相对稳定时，同一降水量级产生的径流量随着降水的时空分布的变化而变化，但总围绕着系统的中心跳动。一个降水－径流系统（相对稳定的下垫面条件）存在一个系统中心，系统中心的降水、径流（量）具有相同的频率。

点绘 1956—2012 年于桥水库流域降水与入库径流关系，在降水－径流关系（降水为纵坐标）分布中由于人类活动对流域下垫面的改变出现了明显的降水径流系统偏移，人类活动对流域下垫面的改变越多，降水－径流点群（系统）向左偏移越大。在相对稳定的系统阶段 1956—1970 年、1971—1976 年、1980—1982 年、1983—1999 年、2000—2012 年出现了 5 个相对稳定的系统中心，系统中心的水平截距即是人类活动对降水－径流的影响量，如图 3-32 所示。

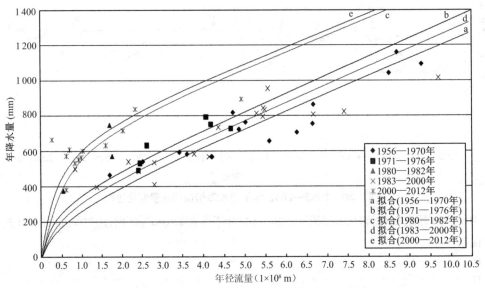

图 3-32　1956—2012 年于桥流域降水－径流曲线

2）典型年的选取

根据上述分析结果，1956—1970 年间社会经济不发达，人类活动影响较小，流域下垫面变化较小，计算后的入库天然径流量能反映实际径流量，降水与径流关系接近天然状态。因此，本次还原计算目标为接近天然状态的 1956—1970 年，在其系统阶段选择接近现状年（2012 年、2013 年）降水水平和降水特性的典型年。

当降水量级确定时，一种分布对应一个径流，控制了径流的量也就控制了降水的分布；在还原计算时，控制了降水及径流的频率也就控制了降水及径流的分布，所确定的典型年就是还原计算的目标。

2012 年流域降水量为 894.6 mm，入库径流量为 4.9×10^8 m³，还原后的天然径流量为 8.6×10^8 m³，如图 3-33 所示。

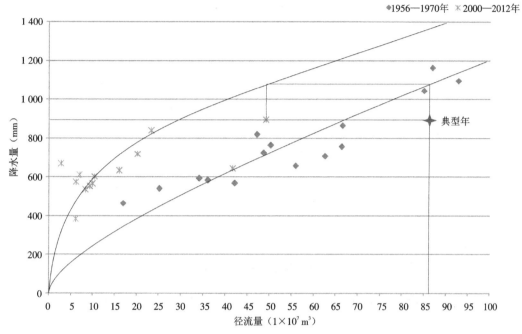

图 3-33　接近 2012 年降水水平和降水特性的典型年的选取

2013 年流域降水量为 641.7 mm，入库径流量为 4.2×10^8 m³，还原后的天然径流量为 7.9×10^8 m³，如图 3-34 所示。

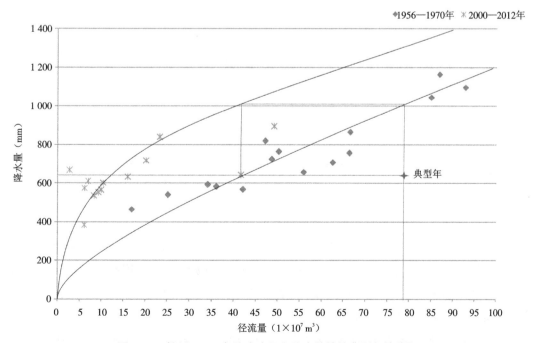

图 3-34　接近 2013 年降水水平和降水特性的典型年的选取

3)典型年天然径流过程

本次工作采用水文比拟法缩放还原目标现状降水条件下的径流过程,即根据现状年(2012年、2013年)的降水径流分布过程,缩放至典型年降水分布过程条件下的出流过程。实测入库径流过程及典型年还原入库径流过程,如图3-35所示。

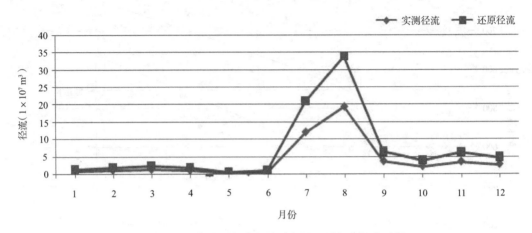

图3-35　2012年实测入库径流过程及还原入库径流过程

2013年逐月实测入库径流过程及典型年还原入库径流过程,如图3-36所示。

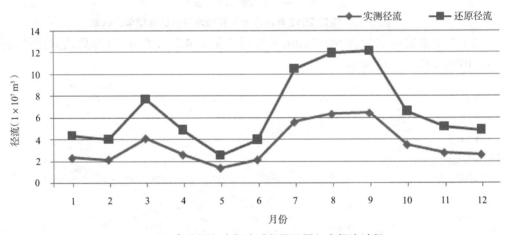

图3-36　2013年实测入库径流过程及还原入库径流过程

3.5.4　小结

(1)通过对比实测资料发现,于桥水库以上流域近13年(2000—2012年)内年均实测入库径流量较历史年代的15年(1956—1970年)内年均实测入库径流量急剧减少,减少幅度为74.7%;与较近的17年(1983—1999年)相比减少幅度为69.1%。2004年入库径流量为历史最小值,仅有$0.279\,4 \times 10^8\,\text{m}^3$。

(2)采用降水-径流双累积曲线分析于桥水库以上流域降水-径流关系发现,存在着

1971、1977、1980、1983 和 2000 年几个时间转折点。造成这种差别的原因是 1983 年开始的"引滦入津"工程对全流域的降水产流有影响作用。据此将历史时间分别划分成若干时段，1971 年以前时段降水径流关系接近天然状态，其他时段降水径流关系受用水量及下垫面变化影响比较明显。分析发现 2000 年以后时段变化趋势较以前变化更为显著。

（3）基于水文比拟法和中值径流的相关原理，在接近天然状态的 1956—1970 年代期间，选择接近现状年（2012 年、2013 年）的降水水平和降水特性的典型年，经分析计算 2012 年入库径流量还原计算结果为 $8.6 \times 10^8 \text{ m}^3$，2013 年入库径流量还原计算结果为 $7.9 \times 10^8 \text{ m}^3$。

3.6　海河入海水量还原计算

3.6.1　基本思路

近几十年来，海河入海水量变化较大，总体上呈递减趋势。海河入海控制断面为海河闸站，海河 1956—2013 年入海水量系列趋势变化，如图 3-37 所示。

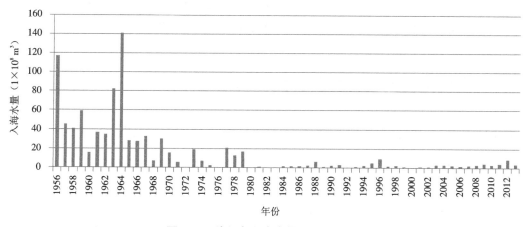

图 3-37　海河年入海水量变化趋势图

海河是海河水系的干流河道，但不是水系的唯一入海通道。从 1956 年到 2013 年的 58 年间，海河年入海水量的变化反映了海河河流健康程度的变化。决定河流的入海水量的因素有两方面，一是流域的气候条件（主要是降水量及其时空分布），二是流域下垫面状况。这二者的变化是导致河流入海水量变化的基本原因，前者的变化属于自然气候的变化，后者与人类活动影响明显相关；前者在较短的时期内不会有明显的变化，后者可能因人类生产、生活方式改变在较短时期内发生剧烈变化。图 3-37 直观地反映了海河 58 年中入海水量显著减少的趋势。我们希望通过水文学径流还原计算的方法定量地描述海河入海水量减少的程度，即估算由现状年降水条件还原至某个历史时期产生的入海水量，将还原出来的径流量与现状实测入海水量进行对比，从而定量地反映流域降水 - 径流关系的系统性改变，进而评价河流的健康状况的变化程度。

　　根据海河流域基础数据条件和水资源开发历史进程特点,还原年代定为 1956—1965 年(理由见下节图表分析),现状年为 2012 年、2013 年,利用中值径流法进行径流的还原计算。

　　课题目标是通过对现状年海河入海水量(海河闸径流量)的还原计算,分析现状年海河入海水量的减少程度。利用中值径流法进行径流量还原的基础条件是具备一个降水产流独立的水文系统,并且有较长的年降水 – 年径流系列资料。但是海河的入海水量也就是海河闸的径流量并非来自一个封闭流域,海河入海水量由多个不同的下级水系(北三河、大清河、子牙河水系)的全部或部分入海水量组成,海河水系又包括海河闸在内的若干个入海出口,找到完全对应海河入海水量的降水系统是很困难的,也就是说无法得到满足中值径流法所要求的与海河闸径流量完全对应的降水量系列,无法直接利用中值径流法对海河闸现状年进行径流量还原计算。

　　通过对海河水系入海情况的分析,发现海河闸的径流量或其部分径流量与某些水系的入海水量具有比较确定的比例关系,而这些水系在上次水资源调查评价或历年的水资源公报中都有年降水量和年入海水量的评价成果,因此先利用中值径流法对这些水系进行入海水量还原计算,再利用这些水系入海水量与海河闸径流量的比例关系可间接得到海河闸现状年径流量的还原计算结果。

　　我们找到的入海水量与海河闸径流量有比较明确关系的水系是海河水系和大清河水系,分别利用此二水系进行海河闸现状年径流量的还原计算,以前者计算结果为主,两套计算结果进行对比,互为验证。

3.6.2　海河闸径流量(海河入海水量)还原计算

3.6.2.1　利用海河水系入海水量还原值推算海河闸径流量还原值

　　1)海河水系不同历史阶段降水量及入海水量统计分析

　　海河水系 1956—2013 年降水量由北三河山区、永定河册田水库以上、永定河册田水库至三家店区间、北四河下游平原区、大清河山区、大清河淀西平原、大清河淀东平原、子牙河山区、子牙河平原、漳卫河山区、漳卫河平原、黑龙港及运东平原 12 个水资源三级区的相应年降水量面积加权而得。

　　海河水系入海水量为北四河水系、大清河水系、漳卫新河水系、黑龙港运东诸河水系入海水量之和。海河水系 1956—2000 年入海水量采用水资源调查评价成果;2001—2012 年入海水量采用海委提供的海河流域各水系入海水量成果计算;2013 年入海水量采用天津市、河北省提供的各水系入海水量成果计算,以河北省资料推算海河水系山东省入海水量。绘制海河水系年降水量 – 年入海水量双累积曲线,如图 3-38 所示。可以看出,海河水系年降水量 – 年入海水量双累积曲线的转折点发生在 1966 年和 1981 年,反映了水系降水产流机制发生变化的时间节点。

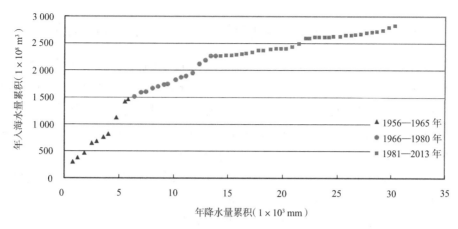

图 3-38　1956—2013 年海河水系降水量 – 年入海水量双累积曲线

2）推算海河水系现状年还原入海水量

据上述分析，认为 1956—1965 年为海河水系人类活动影响较少的阶段，选择此阶段为还原年代；1981—2013 年为本水系人类活动影响的现状阶段，选择此阶段为现状年代。绘制 1956—1965 年、1981—2013 年海河水系的"年降水量 – 年入海水量"相关图，如图 3-39 所示。

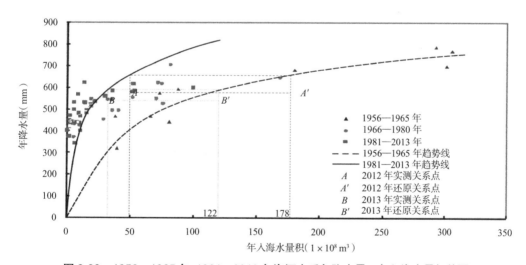

图 3-39　1956—1965 年、1981—2013 年海河水系年降水量 – 年入海水量相关图

2012 年海河水系入海水量 50.8×10^8 m^3，采用中值径流法（图 3-32），还原至 20 世纪五六十年代，入海水量为 178×10^8 m^3；2013 年海河水系入海水量 35.4×10^8 m^3，还原至 20 世纪五六十年代，入海水量为 122×10^8 m^3。

3）推算海河闸现状年径流量还原值。

分析 1956—1965 年，海河闸年径流量占海河水系年入海水量的多年平均比例，结合海河水系 2012 年、2013 年还原入海水量，得到海河闸现状年还原径流量（海河现状年还原入海水量）：2012 年为 84.4×10^8 m^3，2013 年为 57.8×10^8 m^3。

3.6.2.2　利用大清河水系入海水量还原值推算海河闸径流量还原值

利用大清河水系年降水量－年入海水量关系在不同水资源开发利用阶段的变化,进行海河闸现状年还原径流量(海河现状年还原入海水量)估算。估算结果与利用海河水系年降水量－年入海水量关系的估算成果对照,检验中值径流法还原计算的可靠性。

大清河水系是海河水系的下级水系,位于永定河以南、子牙河以北,源于太行山东侧,分为南北两支。北支主要支流拒马河在张坊附近分为南北两河,北拒马河至东茨村附近纳琉璃河、小清河后,称白沟河;南拒马河纳中易水、北易水在白沟附近与白沟河汇合后称大清河,区间有兰沟洼分洪区。大清河北支在新盖房枢纽分为3支,其一经白沟引河入白洋淀;其二经灌溉闸入大清河;其三经分洪闸及分洪堰由新盖房分洪道入东淀。直接汇入白洋淀的支流统称为大清河南支,主要有瀑河、漕河、府河、唐河、沙河、磁河(与沙河汇合后称潴龙河)等,各河入白洋淀,再经枣林庄枢纽通过赵王新河入大清河、东淀。沿潴龙河、白洋淀、大清河南岸,修有千里堤以保证冀中平原的安全。遇超标洪水,东淀可向文安洼、贾口洼分洪。大清河、东淀及清南平原、清北平原若干条排沥河道沥水同时纳入子牙河、南运河部分来水。大部分洪水经进洪闸由独流减河入海,少部分洪水经西河闸、西河由海河干流入海。大清河水系图,如图3-40所示。

图3-40　大清河水系图

1)大清河水系不同历史阶段降水量及入海水量统计分析

大清河水系1956—2013年降水量系列由大清河山区、大清河淀西平原、大清河淀东平原三个水资源三级区的年降水量按面积加权计算而得。

对于大清河水系的年入海量系列,由于没有大清河水系入海水量的评价成果,采用天津市海河南系的入海水量间接估算,估算方法是减去南运河九宣闸下、马厂减河九宣闸下、子牙河献县闸下三个径流量各自的 70%(结果如为负数则归 0),得到大清河水系的入海水量。天津市海河南系 1956—2000 年入海水量采用水资源调查评价数据;2001—2013 年入海水量采用天津市水资源公报中数据。绘制"1956—1965 年、1981—2013 年大清河水系年降水量-年入海水量双累积曲线",如图 3-41 所示。从图可见,大清河水系年降水量-年入海水量双累积曲线的转折点亦发生在 1966 年和 1981 年,此 2 年即是大清河水系降水产流机制发生变化的时间节点。

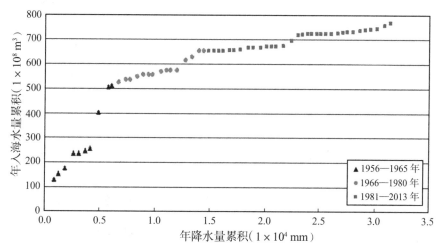

图 3-41　大清河水系 1956—2013 年降水量-入海水量双累积曲线

2)推算大清河水系现状年入海水量还原值

根据上述分析,认为 1956—1965 年为大清河水系人类活动影响较少的年代,选择此时段为还原年代;认为 1981—2013 年为大清河水系反映人类活动影响现状的年代,选择此时段为现状年代。

绘制 1956—1965 年和 1981—2013 年大清河水系的年降水量-年入海水量相关图,如图 3-42 所示。

2012 年大清河入海水量 13.3×10^8 m³,按中值径流法(图 3-32),还原大清河 2012 年入海水量至 20 世纪五六十年代,还原入海水量为 44×10^8 m³;2013 年大清河入海水量 8.9×10^8 m³,还原至 20 世纪五六十年代,还原入海水量为 30×10^8 m³。

3)推算海河闸现状年径流量还原值

分析 1956—1965 年,海河闸年径流量与大清河水系年入海水量的多年平均比例关系,结合大清河水系 2012 年、2013 年还原入海水量,得到海河闸现状年还原径流量(海河现状年还原入海水量):2012 年为 90.4×10^8 m³,2013 年为 61.6×10^8 m³。

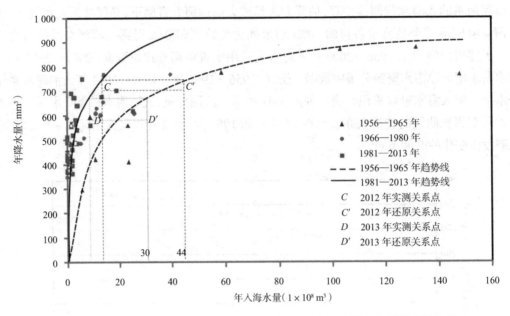

图 3-42　1956—1965 年、1981—2013 年大清河水系年降水量 – 年入海水量相关图

3.6.2.3　利用海河水系、大清河水系入海水量还原海河闸径流量对比

利用海河水系、大清河水系入海水量还原海河闸径流量,结果见表 3-9。

表 3-9　利用海河水系、大清河水系入海水量还原海河闸入海水量对比表

现状年	海河闸还原至 20 世纪五六十年代径流量($1 \times 10^8 \text{ m}^3$)	
	按海河水系入海水量还原	按大清河水系入海水量还原
2012	84.4	90.4
2013	57.8	61.6

由表 3-9 可见,基于两个水系入海水量还原计算的海河闸径流量结果比较一致,利用大清河水系的还原成果比利用海河水系的还原成果偏大 7% 左右。此结果说明利用中值径流法估算海河不同水资源开发阶段的径流量还原值是可行的。

3.6.2.4　现状 2012 年、2013 年海河闸径流量还原值的逐月分配

用典型年法将海河闸上述年径流还原水量分配到 12 个月。典型年选择“年降水量 – 年入海水量”相关图上与还原点位置最接近的 1956—1965 年。海河水系和大清河水系“年降水量 – 年入海水量”相关图上,比较符合条件的年份都是 1959 年。按 1959 年海河闸 1—12 月的月径流量比例,将 2012 年、2013 年海河闸还原年径流量分配到各月绘制海河闸 2012 年、2013 年还原入海水量与实测入海水量对比图,如图 3-43 与图 3-44 所示。

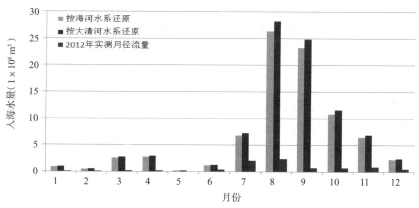

图 3-43　海河闸 2012 年还原月径流量与实测月径流量对比

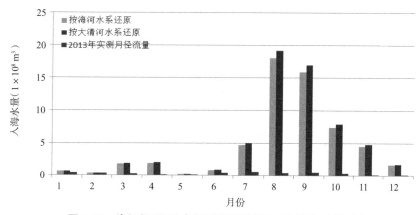

图 3-44　海河闸 2013 年还原月径流量与实测月径流量对比

从以上分析可见,不论是按照海河水系降水量－入海水量关系进行还原,还是按照大清河水系降水量－入海水量关系进行还原,海河的入海控制站－海河闸现状年(2012 年、2013 年)的年径流量还原至 20 世纪五六十年代,都是现状年实测年入海水量的 10~20 倍。这个结论充分说明了海河的河流特征已经发生了巨大的变化,半个世纪的人类社会活动的各种影响,已经将海河流域的主要入海通道、水量丰沛的河流演变成为一个季节性的半断流河道。

3.7　中值径流法在人类影响地区的径流特征计算的实践及应用

采用中值径流法对永定河水系响水堡、北三河水系三道营、大清河水系紫荆关、西大洋水库、王快水库 5 个段面 1950 年(或 1953 年、1954 年、1956 年)至 2012 年的年径流系列进行还原计算,并与天津市水利勘测设计研究院通过水资源开发利用调查的方法得到的成果进行比较。

3.7.1　利用中值径流法计算指定年代径流量特征值

3.7.1.1　降水频率分析计算

　　根据实测降水资料对 5 个站 1956—2012 年的降水系列进行降水频率的试线计算,根据试线结果绘制频率曲线,分别得到其降水系列的特征值。降水频率曲线如图 3-45 至图 3-49 所示,根据频率计算得到各站年降水特征值见表 3-10。

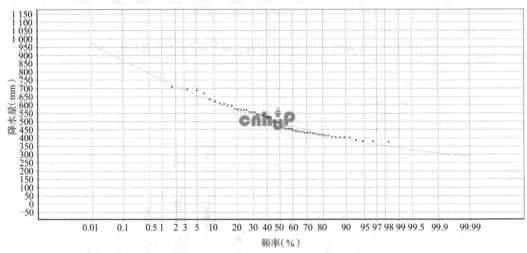

图 3-45　三道营水文站年降水频率曲线

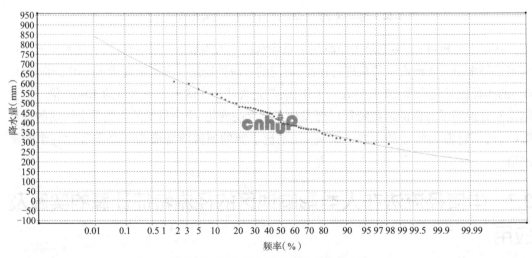

图 3-46　响水堡水文站年降水频率曲线

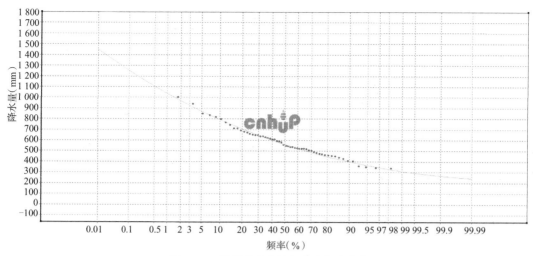

图 3-47　紫荆关水文站年降水频率曲线

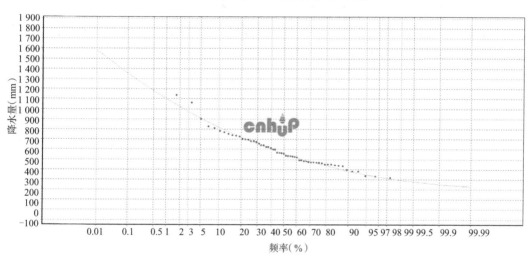

图 3-48　西大洋水文站年降水频率曲线

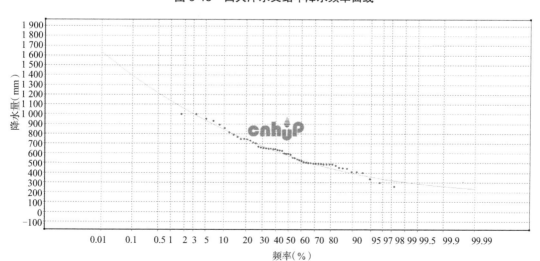

图 3-49　王快水文站年降水频率曲线

表 3-10　各站年降水特征值成果表

水文站	均值	C_v	C_s/C_v	降水特征值				
				平均值	20%	50%	75%	95%
三道营	499.3	0.18	4.0	499.3	570.1	488.6	437.5	372.0
响水堡	419.1	0.20	3.0	419.1	486.2	410.8	358.5	296.9
紫荆关	582.1	0.27	3.0	582.1	704.5	561.1	467.0	364.4
西大洋	583.8	0.30	3.0	583.8	718.5	557.9	455.4	346.8
王快	601.2	0.30	3.0	601.2	739.9	574.5	468.5	357.2

3.6.1.2　降水－中值径流相关关系分析

从历史资料中分析得出,流域的下垫面情况是一个渐变的过程,这个渐变的过程从成因上受自然气候地理条件影响,而更大的一个因素是人类活动带来的影响,通过绘制上述 5 段面的年降水量－年径流量双累积散点图(径流为实测径流量系列),分析双累积曲线的转折趋势,找出各段面双累积曲线的显著转折点的位置,根据其年份把流域下垫面变化概化成相应的几个阶段,分别绘制出各阶段的降水－中值径流相关线。

1)三道营

通过点绘降水－径流双累积散点图,把三道营站下垫面变化概化成 1956—1979 年、1980—1997 年、1998—2012 年 3 个阶段,依据降水－径流实测点据散点图绘制出 3 个阶段的降水－中值径流相关线。年降水－年径流双累积散点图,如图 3-50 所示,降水－中值径流关系图,如图 3-51 所示。

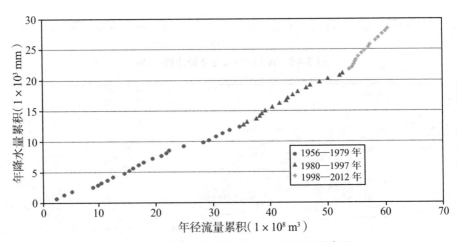

图 3-50　三道营站实测降水－径流双累积散点图

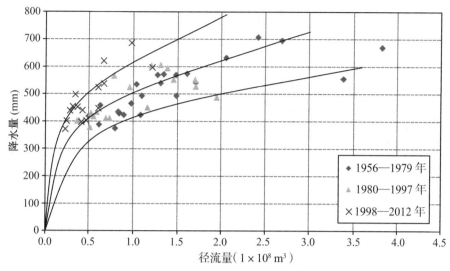

图 3-51　三道营站实测降水 - 中值径流关系图

2）响水堡

通过点绘降水 - 径流双累积散点图,把响水堡站下垫面变化概化成 1956—1996 年、1997—2012 年 2 个阶段,依据降水 - 径流实测点据散点图绘制出 2 个阶段的降水 - 中值径流相关线。年降水 - 年径流双累积散点图,如图 3-52 所示,降水 - 中值径流关系图,如图 3-53 所示。

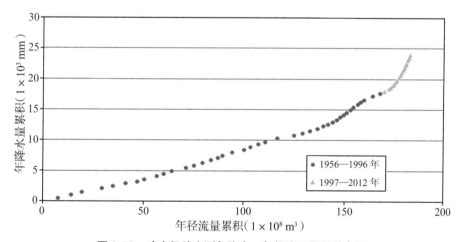

图 3-52　响水堡站实测年降水 - 年径流双累积散点图

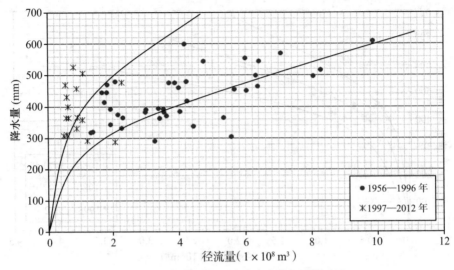

图 3-53　响水堡站实测降水 - 中值径流关系图

3）紫荆关

通过点绘降水 - 径流双累积散点图，把紫荆关站下垫面变化概化成 1956—1979 年、1980—1996 年、1997—2012 年 3 个阶段，依据降水 - 径流实测点据散点图绘制出 3 个阶段的降水 - 中值径流相关线。年降水 - 年径流双累积散点图，如图 3-54 所示，降水 - 中值径流关系图，如图 3-55 所示。

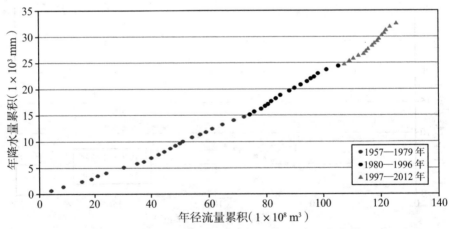

图 3-54　紫荆关站实测年降水 - 年径流双累积散点图

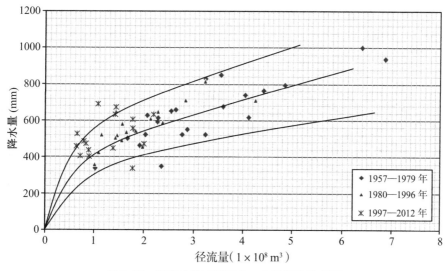

图 3-55　紫荆关站实测降水－中值径流关系图

4）西大洋

通过点绘降水－径流双累积散点图,把西大洋站下垫面变化概化成 1956—1979 年、1980—1996 年、1997—2012 年 3 个阶段,依据降水－径流实测点据散点图绘制出 3 个阶段的降水－中值径流相关线。年降水－年径流双累积散点图,如图 3-56 所示,降水－中值径流关系图,如图 3-57 所示。

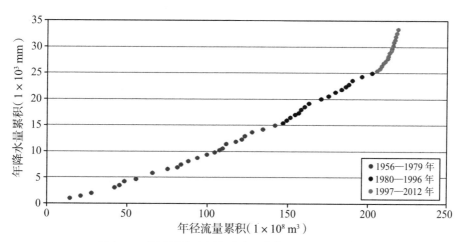

图 3-56　西大洋站实测年降水－年径流双累积散点图

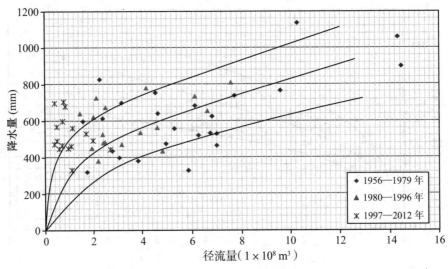

图 3-57　西大洋站实测降水－中值径流关系图

5）王快

通过点绘降水－径流双累积散点图,把王快站下垫面变化概化成 1956—1979 年、1980—1996 年、1997—2012 年 3 个阶段,依据降水－径流实测点据散点图绘制出 3 个阶段的降水－中值径流相关线。年降水－年径流双累积散点图,如图 3-58 所示,降水－中值径流关系图,如图 3-59 所示。

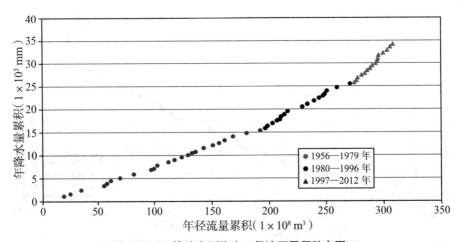

图 3-58　王快站实测降水－径流双累积散点图

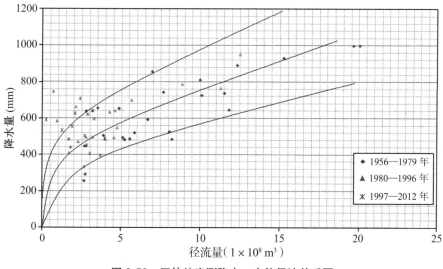

图 3-59　王快站实测降水 - 中值径流关系图

3.7.1.3　中值径流法查算径流特征值

　　按照中态分布降水与中值径流的理论,在确定区域内,中态分布的降水所产生的径流（中值径流）,其径流量发生的频率与降水频率相同。据此通过降水特征值,分别查不同阶段的降水 - 中值径流相关线就可以得到不同阶段的径流特征值,见表 3-11 至表 3-15。

表 3-11　利用中值径流法计算的不同阶段年径流量特征值(三道营站)

降水特征值			不同频率设计降水				径流特征值(不同时期)					
C_v	C_s/C_v	平均值	20%	50%	75%	95%	阶段	平均值	20%	50%	75%	95%
0.18	4.0	499.3	570.1	488.6	437.5	372.0	1956—1979 年	19 500	7 000	12 000	18 500	31 500
							1980—1997 年	10 500	16 000	9 400	5 650	3 200
							1998—2012 年	4 500	1 750	2 800	4 300	7 750

表 3-12　利用中值径流法计算的不同阶段年径流量特征值(响水堡站)

降水特征值			不同频率设计降水				径流特征值(不同时期)					
C_v	C_s/C_v	平均值	20%	50%	75%	95%	阶段	平均值	20%	50%	75%	95%
0.2	3.0	419.1	486.2	410.8	358.5	296.9	1956—1996 年	46 500	65 500	44 200	30 000	17 500
							1997—2012 年	12100	6 000	28 000	42 000	64 000

表 3-13　利用中值径流法计算的不同阶段年径流量特征值（紫荆关站）

降水特征值			不同频率设计降水				径流特征值（不同时期）					
C_v	C_s/C_v	平均值	20%	50%	75%	95%	阶段	平均值	20%	50%	75%	95%
0.27	3.0	582.1	704.5	561.1	467	364.4	1956—1979 年	52 000	15 000	28 000	48 000	73 000
							1980—1996 年	25 500	38 300	21 200	12 900	7 800
							1997—2012 年	11 500	4 500	6 700	10 000	19 100

表 3-14　利用中值径流法计算的不同阶段年径流量特征值（西大洋站）

降水特征值			不同频率设计降水				径流特征值（不同时期）					
C_v	C_s/C_v	平均值	20%	50%	75%	95%	阶段	平均值	20%	50%	75%	95%
0.30	3.0	583.8	718.5	557.9	455.4	346.8	1956—1979 年	85 000	30 000	50 000	76 000	126 000
							1980—1996 年	48 000	73 000	38 000	22 300	12 330
							1997—2012 年	17 000	4 000	7 500	14 500	36 000

表 3-15　利用中值径流法计算的不同年径流量特征值（王快站）

降水特征值			不同频率设计降水				径流特征值（不同时期）					
C_v	C_s/C_v	平均值	20%	50%	75%	95%	阶段	平均值	20%	50%	75%	95%
0.30	3.0	601.2	739.9	574.5	468.5	357.2	1956—1979 年	11 500	30 000	64 000	102 500	172 500
							1980—1996 年	61 000	94 700	48 500	25 000	14 000
							1997—2012 年	23 000	4 000	9 000	20 000	47 500

3.7.2　水量还原法还原年径流量系列特征值计算

天津市水利勘测设计研究院通过大量的调查研究工作,对上述几个段面以上汇水区域工农业用水、水库蓄水等影响段面径流量的水量项目进行逐年的调查分析,将受人类活动影响的各断面的年径流量还原至相对天然的年径流量。

还原思路主要是现有年径流系列延长和早年系列资料一致性修正,达到整个资料系列的一致性和相对天然性。

3.7.2.1　三道营站

1)年径流系列延长

实测流量包括河道和两个渠道断面实测流量,水量采用水文整编成果, 2001—2012 年实测平均径流量约 0.49×10^8 m³,其中 2008 年实测径流最大约为 0.98×10^8 m³, 2002 年最小约为 0.22×10^8 m³,连续四个月最大径流发生在 7—10 月。

三道营站还原项目只包括农业灌溉耗损量。三道营站以上灌区较少,渠道引水口均在测站断面以上,东万口灌区水量采用其管理单位提供的灌区净用水量,灌区外的农业用水根据当年实灌面积和净灌溉定额计算。

实测径流量与农业还原水量相加计算三道营站天然径流量,见表 3-16。2001—2012 年平均天然径流量约为 $0.53 \times 10^8\,\mathrm{m}^3$,其中农业还原水量约为 $0.042 \times 10^8\,\mathrm{m}^3$,占天然径流量的 7.9%。

表 3-16　三道营站 2001—2012 年还原径流量　　　　　　($1 \times 10^4\,\mathrm{m}^3$)

年份	实测径流量	农业还原量	天然径流量
2001	2 467	1 140	3 607
2002	2 213	496	2 709
2003	3 457	400	3 857
2004	6 038	620	6 658
2005	4 230	457	4 687
2006	6 678	483	7 161
2007	3 614	461	4 075
2008	9 819	537	10 356
2009	4 708	246	4 954
2010	6 613	59	6 672
2011	5 998	72	6 070
2012	3 173	108	3 281
平均值	4 917	423	5 341

2)天然径流量及年际变化

对 1956—1975 年径流量进行了系列一致性修正,修正后 1956—2000 年系列三道营站平均天然径流量约为 $1.10 \times 10^8\,\mathrm{m}^3$。延长系列后,1956—2012 年平均天然径流量约为 $0.98 \times 10^8\,\mathrm{m}^3$。

径流年内分配的特点与降水年内变化的规律相似,但由于下垫面因素的影响,使径流的年内分配与降雨又有所不同。全年连续最大四个月水量一般出现在 7—10 月,占全年径流量的 70%。

三道营站径流年际变化大,1956 年以来天然年径流量最大值约为 $3.37 \times 10^8\,\mathrm{m}^3$,发生在 1959 年;最小值约为 $0.27 \times 10^8\,\mathrm{m}^3$,发生在 2002 年;最大值是最小值的 12.5 倍。

从年代变化看,1956—1959 年,平均径流量约为 $1.89 \times 10^8\,\mathrm{m}^3$,1960—1969 年约为 $0.77 \times 10^8\,\mathrm{m}^3$,20 世纪 70—90 年代各年代径流量分别约为 1.35×10^8、0.87×10^8、$1.17 \times 10^8\,\mathrm{m}^3$,2001 年以来平均径流量约为 $0.53 \times 10^8\,\mathrm{m}^3$。不同阶段径流量,见表 3-17。

表 3-17　三道营站长短径流系列成果对比　　　　　(1×10^4 m³)

评价时段	平均值	年最大	年最小
二次评价（1956—2000 年）	11 013	33 749	2 822
本次（1956—2012 年）	9 819	33 749	2 709
近期（2001—2012 年）	5 340	10 356	2 709
33 年（1980—2012 年）	8 230	19 882	2 709

3.7.2.2　响水堡站

1）年径流系列延长

响水堡实测径流量采用水文整编成果，2001—2012 年实测平均径流量约为 0.72×10^8 m³，其中 2003 年实测径流最大约为 1.07×10^8 m³，2009 年最小约为 0.50×10^8 m³，连续四个月最大径流发生在 7—10 月。

响水堡站还原项目包括农业灌溉耗损量、工业、生活、水库蓄变量。其中，山西境内还原量由山西省水文水资源局提供，内蒙古还原水量采用 2000 年还原水量。

（1）农业灌溉耗损量：响水堡站以上灌区灌溉耗损水量采用其管理单位提供的灌区净用水量，灌区范围外的农业用水根据当年实灌面积和净灌溉定额计算。

（2）工业：工业用水采用水资源管理年报提供的资料。

（3）生活：生活用水采用有关县水资源管理办公室提供的资料。

（4）水库蓄水变量：响水堡站大中型水库蓄水变量为友谊水库大型水库蓄变量。各水库都有实测资料，直接采用水文整编成果。为与二次评价原系列一致，中型水库不考虑其拦蓄作用。

在分项还原的基础上计算响水堡站天然径流量。2001—2012 年平均天然径流量约为 2.30×10^8 m³，其中农业还原水量约为 1.57×10^8 m³，占天然径流量的 68.2%，是影响天然径流的主要因素，见表 3-18。

表 3-18　响水堡站 2001—2012 年还原径流量　　　　　(1×10^4 m³)

年份	实测径流量	农业还原量	工业还原量	生活还原量	水库蓄变量	天然径流量
2001	8 986	13 678	0.0	122	37	22 823
2002	9 174	18 047	0.0	203	−15	27 409
2003	10 745	20 165	3.5	0	12	30 926
2004	8 910	20 970	1.0	65	434	30 380
2005	6 191	20 275	7.5	25	−732	25 766
2006	6 360	19 506	17.8	23	−33.4	25 873
2007	5 761	12 071	47.4	29	771.9	18 680
2008	5 556	16 079	24.1	23	143	21 825
2009	4 965	15 481	0.0	0	−427	20 019
2010	7 908	11 849	14.1	0	146	19 917

年份	实测径流量	农业还原量	工业还原量	生活还原量	水库蓄变量	天然径流量
2011	5 847	9 512	0.0	62	-200	15 221
2012	5 944	10 406	12.0	25	427	16 814
平均值	7 196	15 670	10.6	48	47	22 971

2）天然径流量及年际变化

对 1956—1979 年进行了系列一致性修正,修正前 1956—2000 年系列响水堡站平均天然径流量约为 $6.05 \times 10^8 \text{ m}^3$,修正后平均天然径流量约为 $5.48 \times 10^8 \text{ m}^3$。延长系列后, 1956—2012 年平均天然径流量约为 $4.81 \times 10^8 \text{ m}^3$,见表 3-19。

表 3-19　响水堡站长短径流系列成果对比　　　　　　　　　　　$（1 \times 10^4 \text{ m}^3）$

评价时段	平均值	年最大	年最小
二次评价（1956—2000 年）	54 830	108 666	25 864
本次（1956—2012 年）	48 123	108 666	15 221
近期（2001—2012 年）	22 971	30 926	15 221
33 年（1980—2012 年）	36 087	68 570	15 221

径流年内分配的特点与降水年内变化的规律相似,全年连续最大四个月水量一般出现在 6—9 月,占全年径流量近 50%。

响水堡径流的年际变化,1956 年以来天然年径流量最大值约为 $10.87 \times 10^8 \text{ m}^3$,发生在 1979 年;最小值约为 $1.52 \times 10^8 \text{ m}^3$,发生在 2011 年;最大值是最小值的 7.15 倍。

从年代变化看,1956—1959 年,平均径流量约为 $8.37 \times 10^8 \text{ m}^3$, 1960—1969 年约为 $6.08 \times 10^8 \text{ m}^3$, 20 世纪 70—90 年代各年代径流量分别约为 6.09×10^8、4.84×10^8、4.06×10^8 m^3,2001 年以来径流量约为 $2.30 \times 10^8 \text{ m}^3$。

3.7.2.3　紫荆关站

1）年径流系列延长

2001—2012 年紫荆关实测径流量为河道与五一渠径流量之和,年平均径流量约为 $1.03 \times 10^8 \text{ m}^3$,其中 2012 年最大约为 $2.18 \times 10^8 \text{ m}^3$, 2007 年最小约为 $0.63 \times 10^8 \text{ m}^3$。月最大径流量约为 $0.93 \times 10^8 \text{ m}^3$,发生在 2012 年 7 月。

紫荆关站还原项目包括农业灌溉耗损量、工业用水耗损量。农业用水根据当年实际灌面积和净灌溉定额计算。工业用水采用紫荆关水文站调查成果并与涞源锌钼矿水资源论证调查资料对比分析取得。

农业还原水量月分配根据水资源公报调查取得的 1—5 月、6—9 月、10—12 月合计用水的基础上用算术平均法分到,其中 1 月、2 月、11 月、12 月水量为 0;工业及生活用水月耗损量采用年耗水量的月平均值。

在分项还原的基础上计算紫荆关站天然径流量。2001—2012 年平均天然径流量约为 $1.09 \times 10^8 \, m^3$,其中实测径流量包括紫荆关(河道)径流量和五一渠径流量。分项还原项目占天然径流量的 5.1%,其中农业平均还原水量约为 $0.030 \times 10^8 \, m^3$,占 2.8%;工业平均还原水量约为 $0.026 \times 10^8 \, m^3$,占 2.3%,见表 3-20。

表 3-20　紫荆关站 2001—2012 年还原径流量　　　　　　　　　　　　$(1 \times 10^8 \, m^3)$

年份	实测径流量	农业还原量	工业还原量	天然径流量
2001	0.945 4	0.031 0	0.040 7	1.017 1
2002	0.786 8	0.025 8	0.001 3	0.813 9
2003	0.814 4	0.021 7	0.001 3	0.837 5
2004	1.421 4	0.008 5	0.009 5	1.439 4
2005	0.888 3	0.014 1	0.009 0	0.911 4
2006	0.876 4	0.020 7	0.009 0	0.906 1
2007	0.625 3	0.032 4	0.009 5	0.667 2
2008	1.071 4	0.042 2	0.009 0	1.122 6
2009	0.713 4	0.042 2	0.009 0	0.764 6
2010	0.643 1	0.040 5	0.037 5	0.721 1
2011	1.432 8	0.040 5	0.085 2	1.558 5
2012	2.182 7	0.041 1	0.085 2	2.309 0
均值	1.033 5	0.030 1	0.025 5	1.089 0

2)天然径流量及年际变化

紫荆关站二次评价进行 1956—1979 年天然径流量修正后,1956—2000 年平均天然径流量约为 $2.42 \times 10^8 \, m^3$,各项还原水量占天然径流量的 2%,还原量对天然径流量影响很小。本次延长系列后 1956—2012 年平均天然径流量约为 $2.14 \times 10^8 \, m^3$,减少 11.6%,见表 3-21。

表 3-21　紫荆关站长短径流系列成果对比　　　　　　　　　　　　$(1 \times 10^4 \, m^3)$

评价时段	平均值	年最大	年最小
二次评价(1956—2000 年)	24 169	78 373	7 533
本次(1956—2012 年)	21 374	78 373	6 672
近期(2001—2012 年)	10 890	23 090	6 672
33 年(1980—2012 年)	16 450	43 324	6 672

1956 年以来天然年径流量最大值约为 $7.83 \times 10^8 \, m^3$,发生在 1956 年;最小值约为 $0.67 \times 10^8 \, m^3$,发生在 2007 年;最大值是最小值的 11.7 倍。从年代变化看,1956—1960 年平均径流量约为 $4.71 \times 10^8 \, m^3$,1961—1979 年平均径流量约为 $2.32 \times 10^8 \, m^3$,1980—2000 年平均径流量约为 $1.96 \times 10^8 \, m^3$,2001—2012 年平均径流量约为 $1.09 \times 10^8 \, m^3$。

3.7.2.4　西大洋站

1）年径流系列延长。

2001—2012 年西大洋水库实测径流量为泄洪洞、发电洞、溢洪道径流量之和,年平均径流量约为 $0.77 \times 10^8 \, m^3$,其中 2002 年最大约为 $1.68 \times 10^8 \, m^3$,2003 年和 2008 年最小均约为 $0.41 \times 10^8 \, m^3$。月最大径流量约为 $0.36 \times 10^8 \, m^3$,发生在 2002 年 3 月。

西大洋水库站还原项目包括:水库蓄变量、河北农业灌溉耗损量、河北工业用水耗损量和上游山西省灵丘县工农业耗损量,其中山西省灵丘县工农业年耗损量约在 $0.8 \times 10^7 \sim 1.1 \times 10^7 \, m^3$。

农业用水根据当年实际灌溉面积和净灌溉定额计算。调查统计(唐河)倒马关以上、中唐梅以上、西大洋以上实际灌溉面积,其中革命大渠引水量由唐县水利局提供。工业用水指保定市引水、定州电厂引水等西大洋水库供水。

农业还原水量月分配按水资源公报调查取得的 1—5 月、6—9 月、10—12 月合计用水的基础上用算术平均法分到,其中 1 月、2 月、11 月、12 月水量为 0;工业及生活用水月耗损量采用年耗水量的月算术平均值;水库蓄水变量根据实测资料逐月进行统计。

在分项还原的基础上计算西大洋水库站天然径流量。2001—2012 年平均天然径流量约为 $1.97 \times 10^8 \, m^3$,其中实测径流量包括西大洋水库泄洪洞、发电洞、溢洪道径流量。分项还原项目占天然径流量 61.0%,其中农业平均还原水量约为 $0.39 \times 10^8 \, m^3$ 占 20.0%;工业平均还原水量约为 $0.83 \times 10^8 \, m^3$ 占 42.1%,表 3-22。

表 3-22　西大洋水库站 2001—2012 年还原径流量　　　　　　　　　$(1 \times 10^8 \, m^3)$

年份	实测径流量	农业还原量	工业还原量	水库蓄变量	天然径流量
2001	1.110 9	0.360 1	0.609 6	-1.024 0	1.056 6
2002	1.677 9	0.342 1	0.568 0	-1.263 0	1.325 0
2003	0.409 4	0.335 4	0.714 1	-0.154 0	1.304 9
2004	0.726 2	0.316 4	0.860 2	0.606 0	2.508 8
2005	0.963 5	0.350 9	0.914 7	-0.761 0	1.468 2
2006	0.590 0	0.367 3	0.830 5	-0.088 0	1.699 9
2007	0.505 7	0.345 7	0.859 6	-0.319 7	1.391 3
2008	0.405 9	0.476 5	0.709 6	1.221 7	2.813 6
2009	0.698 7	0.473 2	0.927 8	-0.393 0	1.706 6
2010	0.499 6	0.472 3	0.885 6	-0.173 0	1.684 5
2011	0.789 6	0.437 6	0.961 9	1.272 0	3.461 1
2012	0.825 3	0.436 7	1.098 2	0.823 0	3.183 2
均值	0.766 9	0.392 9	0.828 3	-0.021 1	1.967 0

2）天然径流量及年际变化

1956—2000 年西大洋水库站平均天然径流量约为 $4.54 \times 10^8 \, m^3$,各项还原水量占天然径流量 10.2%，还原量对天然径流量有一定影响。本次延长系列后 1956—2012 年平均天然径流量约为 $4.00 \times 10^8 \, \mathrm{m}^3$，多年平均径流量减少 11.9%。

径流的年际变化从极值比来看，1956 年以来天然年径流量最大值约为 $15.20 \times 10^8 \, \mathrm{m}^3$，发生在 1959 年；最小值约为 $1.06 \times 10^8 \, \mathrm{m}^3$，发生在 2001 年；最大值是最小值的 14.3 倍。从年代变化看，1956—1960 年平均径流量约为 $8.41 \times 10^8 \, \mathrm{m}^3$，1961—1979 年平均径流量约为 $4.56 \times 10^8 \, \mathrm{m}^3$，1980—2000 年平均径流量约为 $3.01 \times 10^8 \, \mathrm{m}^3$，2001—2012 年平均径流量约为 $1.97 \times 10^8 \, \mathrm{m}^3$，见表 3-23。

表 3-23　西大洋站长短径流系列成果对比　　　　　　　　　　　$(1 \times 10^4 \, \mathrm{m}^3)$

评价时段	平均值	年最大	年最小
二次评价（1956—2000 年）	45 431	151 967	15 561
本次（1956—2012 年）	40 008	151 967	10 568
近期（2001—2012 年）	19 670	34 612	10 568
33 年（1980—2012 年）	30 117	93 292	10 568

3.7.2.5　王快站

1）年径流系列延长

2001—2012 年王快水库实测径流量为泄洪洞、溢洪道、发电洞及小水电水量之和，年平均径流量 $2.29 \times 10^8 \, \mathrm{m}^3$，其中 2009 年最大约为 $3.92 \times 10^8 \, \mathrm{m}^3$，2007 年最小约为 $0.24 \times 10^8 \, \mathrm{m}^3$。月最大径流量约为 $1.10 \times 10^8 \, \mathrm{m}^3$，发生在 2009 年 4 月。

王快水库站还原项目包括农业灌溉耗损量、工业用水耗损量、水库蓄变量。农业用水根据当年实际灌面积和净灌溉定额计算，调查统计沙河阜平以上、王快水库区间实际灌溉面积；工业用水指阜平县工业用水。

在分项还原的基础上计算王快水库站天然径流量。2001—2012 年平均天然径流量约为 $2.69 \times 10^8 \, \mathrm{m}^3$，其中实测径流量包括泄洪洞、溢洪道、发电洞、小水电的径流量。平均农业还原水量约为 $0.32 \times 10^8 \, \mathrm{m}^3$ 占天然径流量 12%，见表 3-24。

表 3-24　王快水库站 2001—2012 年还原径流量　　　　　　　　　$(1 \times 10^4 \, \mathrm{m}^3)$

年份	实测径流量	农业还原量	工业还原量	水库蓄变量	天然径流量
2001	2.9915	0.3496	0.0000	-2.5360	0.8051
2002	1.8679	0.3496	0.0000	-0.2320	1.9855
2003	2.6658	0.3496	0.1700	-1.3562	1.8292
2004	2.0621	0.3496	0.0000	1.9962	4.4079
2005	2.7941	0.3496	0.0179	-1.1790	1.9826
2006	1.7702	0.2940	0.0000	-0.2770	1.7872
2007	0.2378	0.2956	0.0000	1.7510	2.2844

年份	实测径流量	农业还原量	工业还原量	水库蓄变量	天然径流量
2008	0.7010	0.2960	0.0000	3.6320	4.6290
2009	3.9160	0.2960	0.0000	-2.2710	1.9410
2010	3.2543	0.2960	0.0000	-1.1440	2.4063
2011	2.3770	0.2960	0.0000	1.2760	3.9490
2012	2.8490	0.3004	0.0180	1.0840	4.2514
均值	2.2906	0.3185	0.0172	0.0620	2.6882

2)天然径流量及年际变化

1956—2000 年王快水库站平均天然径流量约为 5.65×10^8 m³,各项还原水量占天然径流量 5.9%,还原量对天然径流量影响不大。本次延长系列后 1956—2012 年平均天然径流量约为 5.02×10^8 m³。

分析表明,王快水库天然年径流量年际变化较大。天然年径流量最大值约为 18.08×10^8 m³(1959 年),约为最小值 0.40×10^8 m³(1972 年)。20 世纪 50 年代天然年径流量平均值约为 10.10×10^8 m³,年际变化不大,丰水年较多,水资源丰富;20 世纪 60 年代天然年径流量平均值约为 5.87×10^8 m³,年际变化大,丰水年减少;20 世纪 70 年代天然年径流量平均值约为 5.30×10^8 m³;20 世纪 80 年代天然年径流量平均值约为 4.94×10^8 m³;20 世纪 90 年代天然年径流量平均值约为 4.43×10^8 m³;2001—2012 年天然年径流量平均值约为 2.69×10^8 m³,见表 3-25。

表 3-25 王快站长短径流系列成果对比   （1×10^4 m³）

评价时段	平均值	年最大	年最小
二次评价(1956—2000 年)	56 473	180 753	3 968
本次(1956—2012 年)	50 243	180 753	3 968
近期(2001—2012 年)	26 882	46 290	8 051
33 年(1980—2012 年)	38 922	151 494	8 051

通过大量的调查研究工作,天津水利水电勘测设计研究院对上述 5 个段面以上汇水区域工农业用水、水库蓄水等影响段面径流量的水量项目进行逐年的调查分析,将受人类活动影响的各断面的年径流量还原至相对天然的年径流量,见表 3-26。

表 3-26 5 个段面的径流还原成果表   （1×10^4 m³）

年份	三道营站	响水堡站	紫荆关站	西大洋站	王快站
1950	—	—	58 000	—	—
1951	—	—	23 300	—	—
1952	—	—	28 800	—	—

年份	三道营站	响水堡站	紫荆关站	西大洋站	王快站
1953	—	—	37 100	49 100	
1954	—	—	70 800	132 000	217 400
1955	—	—	71 400	125 000	174 400
1956	24 388	89 078	86 000	147 200	197 500
1957	13 296	72 407	41 300	70 100	59 600
1958	15 026	68 782	44 500	72 500	101 000
1959	38 462	104 707	68 900	152 000	202 000
1960	8 060	63 070	32 500	50 100	49 300
1961	6 408	71 763	23 000	47 500	57 200
1962	11 038	60 907	28 900	60 300	49 400
1963	9 915	44 289	64 200	133 200	160 000
1964	20 754	77 320	48 700	87 500	133 600
1965	8 672	43 772	23 700	40 100	23 400
1966	6 439	54 510	26 600	46 500	64 500
1967	10 371	84 626	25 600	63 000	106 000
1968	8 412	51 979	20 400	53 100	47 800
1969	16 425	55 725	20 800	61 400	74 600
1970	14 985	56 403	18 400	43 200	47 300
1971	8 621	51 072	16 900	27 600	41 200
1972	5 346	34 990	10 500	18 900	14 700
1973	27 168	58 062	32 800	69 400	129 100
1974	33 889	74 959	28 000	47 100	42 800
1975	9 205	43 318	19 500	30 900	36 600
1976	13 581	57 564	23 200	42 600	77 000
1977	11 157	47 018	35 900	69 900	111 000
1978	12 961	77 136	41 000	77 700	130 000
1979	17 246	108 666	36 400	85 200	91 200
1980	7 514	68 570	19 970	26 689	24 960
1981	5 319	60 513	15 811	26 436	34 965
1982	17 108	61 495	24 021	45 896	64 889
1983	5 710	57 854	14 975	26 253	26 284
1984	4 037	47 419	10 498	16 750	9 701
1985	6 008	42 590	12 008	31 664	25 429
1986	13 234	39 778	16 951	28 400	26 100
1987	12 228	36 328	14 852	30 586	43 976

年份	三道营站	响水堡站	紫荆关站	西大洋站	王快站
1988	11 908	39 261	32 830	93 291	151 494
1989	3 969	29 872	18 757	39 924	55 731
1990	8 179	41 493	23 422	56 742	55 055
1991	9 914	35 022	21 934	27 560	28 951
1992	14 371	41 470	14 792	18 831	19 242
1993	7 976	34 342	11 407	18 453	12 386
1994	17 620	37 999	15 561	55 549	57 138
1995	15 031	56 669	29 059	62 200	94 796
1996	19 882	55 367	43 324	73 279	122 235
1997	6 091	35 334	20 589	21 584	16 957
1998	13 375	41 039	18 562	17 884	17 085
1999	4 827	26 939	14 144	15 560	25 133
2000	3 199	25 864	18 072	24 281	49 342
2001	3 607	22 823	10 171	10 566	8 051
2002	2 709	27 409	8 139	13 250	19 855
2003	3 857	30 926	8 375	13 049	18 292
2004	6 658	30 380	14 394	25 088	44 079
2005	4 687	25 766	9 114	14 682	19 826
2006	7 161	25 873	9 061	16 999	17 872
2007	4 075	18 680	6 672	13 913	22 844
2008	10 356	21 825	11 226	28 136	46 290
2009	4 954	20 019	7 646	17 066	19 410
2010	6 672	19 917	7 211	16 845	24 063
2011	6 070	15 221	15 585	34 611	39 490
2012	3 281	16 814	23 090	31 832	42 514

我们对上述 5 个断面的还原年径流量的研究成果进行了频率分析计算,所得频率曲线,如图 3-61 至图 3-64 所示,特征值计算成果见表 3-27。

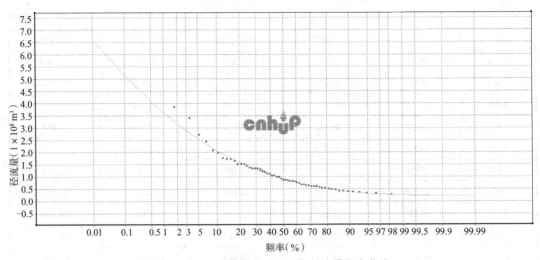

图 3-60　三道营水文站还原年径流量频率曲线

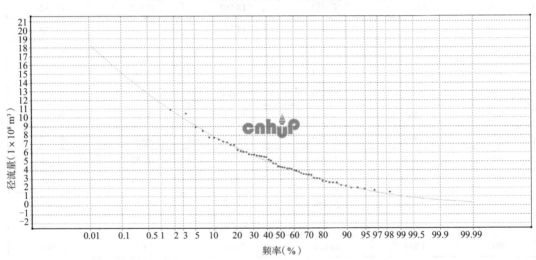

图 3-61　响水堡水文站还原年径流量频率曲线

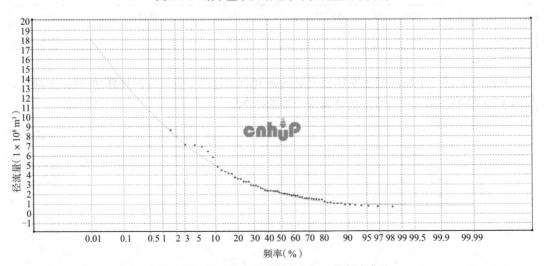

图 3-62　紫荆关水文站还原年径流量频率曲线

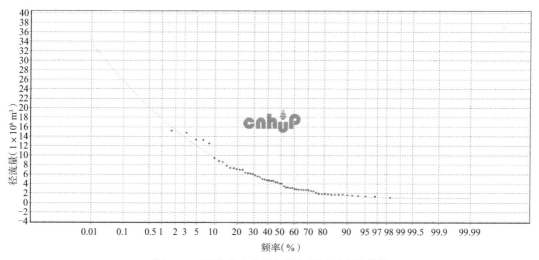

图 3-63　西大洋水文站还原年径流量频率曲线

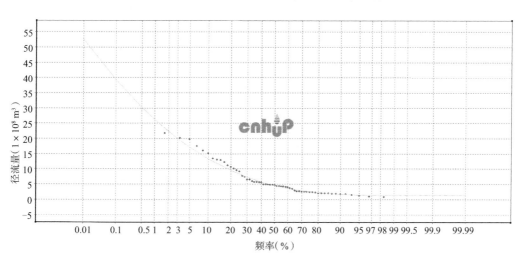

图 3-64　王快水文站还原年径流量频率曲线

表 3-27　还原径流量特征值计算成果

水文站	C_v	C_s/C_v	还原径流特征值				
			平均值	20%	50%	75%	95%
三道营	0.67	2.5	10 937	15 800	8 998	5 607	3 129
响水堡	0.48	2.0	48 123	65 700	44 480	31 100	17 370
紫荆关	0.70	2.5	26 180	38 120	21 143	12 908	7 158
西大洋	0.75	2.5	48 282	71 127	37 736	22 290	12 334
王快	0.86	2.5	63 100	94 734	45 496	25 157	14 374

3.7.3   水量还原法与中值径流计算方法对比分析

通过对比分析,用水量还原法计算所得的径流量特征值与运用中值径流法所得的 20 世纪 80 年代的径流特征值接近。说明中值径流法在进行径流还原方面具有较好的效果。按照上述两种方法进行天然径流特征值计算的结果对比,如图 3-65 至图 3-69 所示。

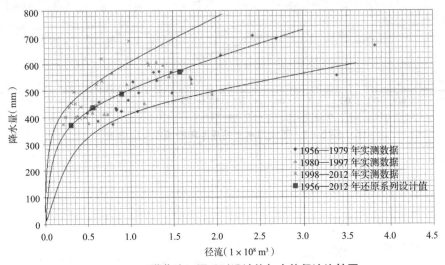

图 3-65   三道营站还原系列设计值与中值径流比较图

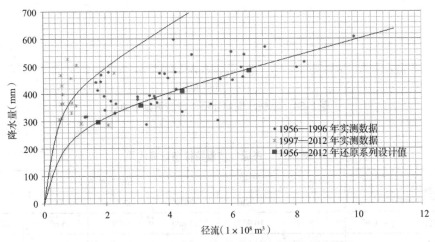

图 3-66   响水堡站还原系列设计值与中值径流比较图

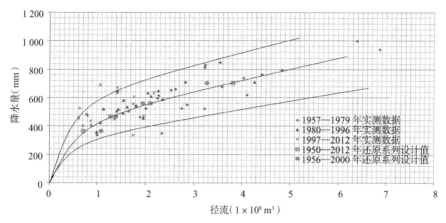

图 3-67　紫荆关站还原系列设计值与中值径流比较图

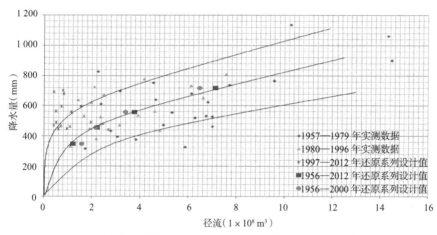

图 3-68　西大洋站还原系列设计值与中值径流比较图

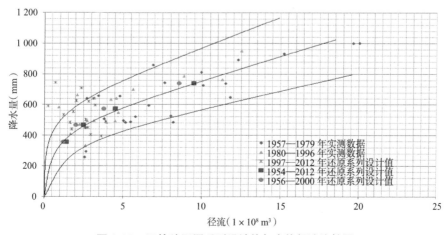

图 3-69　王快站还原系列设计值与中值径流比较图

值得注意的是,进一步对 5 个站的还原系列做双累积曲线分析,可以看出还原系列本身存在比较大的误差。5 个站还原系列年降水 - 径流双累积曲线,如图 3-70 至图 3-74 所示。

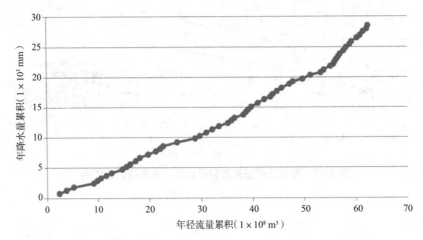

图 3-70　三道营站 1956—2012 年降水 - 年径流量双累积曲线

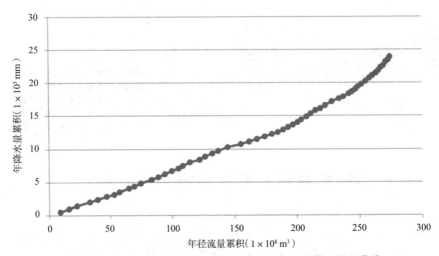

图 3-71　响水堡站 1956—2012 年降水 - 年径流量双累积曲线

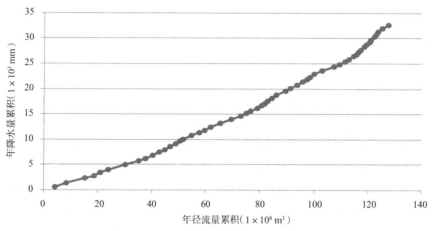

图 3-72　紫荆关站 1957—2012 年降水－年径流量双累积曲线

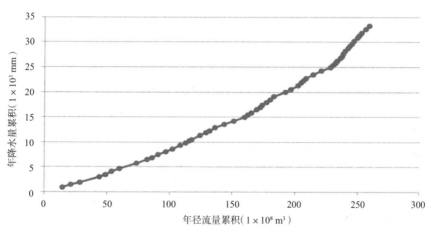

图 3-73　西大洋站 1956—2012 年降水－年径流量双累积曲线

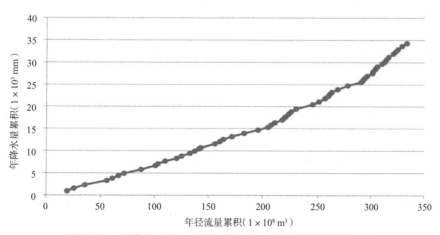

图 3-74　王快站 1956—2012 年降水－年径流量双累积曲线

3.8　小结

20 世纪 50 年代以来,海河流域人口迅速增长,国民经济快速发展,流域上修建了大量蓄水、引水、分洪、滞洪等水利工程,使得水文站实测资料不能真实地反映径流在天然状态下的变化规律。不仅如此,下垫面条件的变化使降水径流的形成规律发生变化。因此,必须对河川径流进行还原计算,其准确性直接影响到区域的水安全和社会经济的可持续发展。随着人类活动日益频繁,采用现有方法进行径流还原得到的成果其可靠性也受到质疑。

本课题基于海河流域的长序列历史资料以及流域下垫面特征调查数据,采用双累积曲线法识别人类活动的影响,将历史资料划分为不同的时期,采用中值径流法对海河入海、于桥水库入库、永定河水系响水堡、潮白河水系三道营、大清河水系紫荆关、西大洋水库以及王快水库等断面的径流进行还原计算,并与水量还原法的还原结果进行比较。

本章有以下 2 个创新点。

(1)通过降水 - 径流双累积曲线识别人类活动的影响,发现海河流域受人类活动影响较大,降水 - 径流双累积曲线出现多个转折点。

(2)提出了中态分布降水与中值径流的概念,以此,提出结合水文比拟法进行径流还原计算的框架以及利用中值径流法计算天然年径流量特征值的思路,为调查资料不易取得的径流还原计算提供有力技术支撑。

通过本课题研究,有以下结论与建议。

(1)通过分析于桥水库入库、响水堡、三道营、紫荆关、西大洋水库以及王快水库等断面的降水 - 径流双累积曲线,发现这些流域受人类活动影响较大,流域下垫面的变化明显。据此,可以把历史资料划分为不同的时期。

(2)采用中值径流法对海河入海、于桥水库入库的径流量进行还原计算,取得比较好的效果。其中,利用海河水系、大清河水系入海水量还原的海河闸径流量与实际基本一致。

(3)采用中值径流法对响水堡、三道营、紫荆关、西大洋水库以及王快水库的年径流量系列特征值进行计算,计算结果与水量还原法接近。但是,还原系列本身存在比较大的误差,需进一步分析误差来源并改进方法。

(4)与传统的年径流量系列特征值计算方法相比,中值径流法不需要对不同时期的年径流量通过水资源开发利用调查进行还原,工作量小、系统性强。建议在更多断面进行计算与比较。

(5)降水 - 径流关系是确定性关系,而年降水 - 径流关系不是。年降水 - 径流关系在靠近坐标原点的区域不符合均值回归线、中值回归线和同频率相关线三者重合的假定,因此在以后的年降水 - 径流相关图绘制工作中应避开这块区域,不需要通过坐标原点。

第4章　人类活动影响下的短历时暴雨分析

4.1　方法概述

诱发洪涝的关键性因子是暴雨。暴雨特征与下垫面条件的共同作用形成了洪涝。近年来,中国城市频繁发生特大暴雨,城市特大暴雨引发的积水与淹水问题、山洪泥石流问题,不仅影响社会经济发展,而且威胁人民生命财产安全。气候变化使水文极值事件的强度和频次发生改变,破坏了原有的水文统计规律,现有的设计暴雨由于研究时间早,利用的统计数据有限,已经不能满足气候变化条件下对工程安全及人民生命财产安全的保障要求。因此,研究暴雨的时空分布与数量特征,是科学减灾的重要内容之一。

城市的排水防涝关系到国计民生,而城市排水的前提是对城市暴雨的情况和规律有清楚的认识和研究,有适合本地区降雨规律的暴雨强度公式。暴雨强度公式是城市雨水排水系统规划与设计的基本依据之一,它直接影响到排水工程的投资预算和安全可靠性。由于天津市在进行城市雨水排水系统的规划及设计时,所采用的暴雨强度公式仍是 20 世纪 80年代初由天津市排水管理处编制的,无法反映近几十年来气候与城市环境变化对降水的影响。因此,编制天津市新一代暴雨强度公式,能为更加科学、合理地进行基础建设提供有力的支持。

通过暴雨分析推求设计暴雨,再通过产汇流计算推求设计洪水,是常用的方法,主要原因是:①我国站网观测尚不发达,水文站网密度与发达国家相比仍有不小距离,造成流量资料缺乏或不足的情况,无法根据流量资料推求设计洪水;②有些地方虽有流量资料,但由于近几十年来人类活动对水文过程的影响很大,大量水利工程和水土保持工程的兴建使流量资料系列的一致性遭到不同程度的破坏,成了新的无资料地区。暴雨统计参数等值线图可为缺少或无水文资料地区的设计洪水计算提供技术支撑,也可为有水文资料地区的设计暴雨参数合理性检验提供依据。鉴于《天津市设计暴雨图集》上次修编是在 1999 年,资料系列增长后,非常需要补充修编。

本课题通过分析天津市暴雨资料以及频率计算,修订天津市城市暴雨强度公式,分析设计暴雨雨型,编制《天津市设计暴雨图集》并将修订后的暴雨强度公式与暴雨图集结合,应用时互为验证,减少误差。

4.1.1　暴雨资料选样方法

城市暴雨资料选样有年最大值法及非年最大值法,其中非年最大值法分为年超大值法、年多个样法和超定量法。年最大值法是以年份为序,每年选取一个最大值,N 年资料可选出

N 项年极值。年超大值选样法把 N 年资料看作一个连续过程,从中选出最大的 N 项洪水特征;超定量法是根据当地的规范,选取标准暴雨值以上的所有暴雨数据,这样可能某些年的暴雨没被选取,而有些年有多次暴雨入选。年多个样法从总体中按每年每个历时选择 $6 \sim 8$ 个最大值,然后不论年次,将每个历时子样按大小次序排列,再从中选择资料年数的 $3 \sim 4$ 倍的最大值作为统计的基础资料。

随机事件序列的频率分析理论和方法是建立在随机、独立样本的基础上,因此统计样本建立须满足随机性、独立性、代表性原则。降水受地理位置、气象因素、地形地貌、下垫面、人类活动等多种因素影响,可以认为每次降水过程都是随机的,因此无论年最大值法还是年多个样法都能满足样本的随机性要求。年最大值法是各种历时每年选一个极值,样本独立性好;年多个样法需要每年抽取多个样本,这就导致在选样时可能出现不同样本出现在同一场暴雨,历时越短出现的可能性越大,难以保证资料选取过程中的独立性。样本的代表性取决于系列长度,一般系列越长代表性越好,通常认为年最大值法资料系列最低要求在 20 年以上,而年多个样法要求在 10 年以上,极值法系列长度要求高于多值法。

自 20 世纪 60 年代后期开始,我国水文与气象部门只统计年最大值,不再统计年多个样值,这使得年多个样法的样本资料很难直接获取,年最大值法所需资料与水文气象等部门整编成果相对应。

相比之下,年最大值法的独立性好,资料容易得到,且目前各地的资料系列较长,资料积累已远超其最低需要,因此最近的《城镇给排水技术规范》(GB 50788—2012)中推荐此方法。

4.1.2　暴雨频率计算

暴雨频率计算是设计暴雨计算的核心。编制城市暴雨强度公式时,一般要对实测暴雨统计资料进行频率调整,因为频率调整的结果直接影响暴雨强度-降雨历时-重现期(i-t-T)经验数据表的可靠性,进而影响暴雨强度公式的精度。

4.1.2.1　重现期和经验频率计算

重现期是指在许多次试验里某一事件重复出现的平均时间间隔数,也就是事件的平均重现间隔期,重现期常表达为多少年一遇及一年多少遇。

1)年最大值法

年最大值法中,重现期为年重现期,指暴雨平均多少年发生一次;经验频率为年频率,指暴雨年发生的频率,均为平均每年只能选一个样本的情况,计算式为

$$\begin{cases} P_{\mathrm{M}} = \dfrac{m}{N+1} \times 100\% \\ T_{\mathrm{M}} = \dfrac{1}{P_{\mathrm{M}}} = \dfrac{N+1}{m} \end{cases} \tag{4-1}$$

式中:P_{M} 为年频率,是大于等于 m 序列的暴雨在任何一年中可能发生的概率(%);N 为暴

雨资料的记录年数(年);m 为暴雨记录从大到小排列的年序次;T_M 为年重现期,大于等于 m 序列的暴雨在此周期内可能发生一次(年)。

年最大值经验频率采用式(4-1)进行计算,将各历时暴雨强度极值分别按从大到小的次序排序,次序号与暴雨资料系列年数加 1 的比值即为该暴雨强度极值的频率。

2)年多个样法

非年最大值法中,A_E 选样(即一年多次)计算如下式

$$\begin{cases} P_E = \dfrac{1}{K} \cdot \dfrac{m}{(N+1)} \times 100\% \\ T_E = \dfrac{1}{P_E} \end{cases} \qquad (4\text{-}2)$$

式中:P_E 为次频率,%;K 为每年平均取样个数,$K \geqslant 1$;N 为暴雨资料的记录年数,年;m 为暴雨记录从大到小排列的次序次;T_E 为次重现期。

年多个样法经验频率采用式(4-2)进行计算,由经验频率公式推求的频率和表中的各历时点据形成数对,通过计算机自动排频程序演算,得到理论频率曲线,在该曲线上按计算重现期对应的频率截取理论频率强度,即 $T\text{-}i\text{-}t$ 关系值。重现期与频率关系如下式

$$T = \dfrac{N}{(n+1)\,p} \times 100\% \qquad (4\text{-}3)$$

式中:T 为重现期;N 为资料总年数(39 年);n 为子样的总个数(156 个);p 为与重现期 T 对应的频率。

4.1.2.2　频率分布曲线的拟合

频率分布曲线一般分为两大类:一为经验频率曲线,即根据已有的实测资料,点绘于概率格纸上,用目估方法通过各点附近绘制光滑的曲线,并依据该曲线的趋势进行延长,这种方法有一定主观性,外延没有一定的准则,工作较为困难,成果又因人而异,一般不单独采用;二为具有一定数学形式的频率曲线,它按某些统计上的法则,定出曲线方程,由于该类曲线有一定的数学表达式,故能探讨其统计性质,并能在一定程度上减少主观外延的弊病。因此,后者在水文统计中较为常用。

根据《室外排水设计规范》(GB 50014—2006,2016 版),选取的各历时降雨资料应采用频率曲线加以调整。当精度要求不太高时,可采用经验频率曲线;当精度要求较高时,可采用皮尔逊 -Ⅲ 型分布曲线或指数分布曲线等理论频率曲线。本次计算采用皮尔逊 -Ⅲ 型分布曲线。

皮尔逊 -Ⅲ 型分布曲线是一条一端有限的不对称、单峰、正偏曲线,其概率密度函数为

$$f(x) = \dfrac{\beta^{\alpha}}{\Gamma(\alpha)}(x-a_0)^{\alpha-t}e^{-\beta(x-a_0)} \qquad (a_0 < x < \infty, \alpha > 0, \beta > 0) \qquad (4\text{-}4)$$

式中:α、β、a_0 分别表示皮尔逊 -Ⅲ 型分布曲线的形状、刻度和位置参数;$\Gamma(\alpha)$ 为 α 的伽马函数,$\Gamma(\alpha) = \displaystyle\int_0^{\infty} x^{a-1}e^{-x}\mathrm{d}x$。

3 个原始参数 α、β、a_0 经适当换算，可以用 3 个统计参数 $\bar{x}$、C_s、C_v 表示

$$
\begin{cases}
\alpha = \dfrac{4}{C_s^2} \\
\beta = \dfrac{2}{\bar{x} C_s C_v} \\
a_0 = \bar{x}\left(1 - \dfrac{2C_v}{C_s}\right)
\end{cases}
\tag{4-5}
$$

式中：C_v 为离差系数，C_s 为偏差系数，$\bar{x}$ 为均值。

这 3 个统计参数可以通过矩法进行初步确定。使用矩法计算 3 个统计参数公式为

$$
\bar{x} = \frac{1}{n}\sum x_i
\tag{4-6}
$$

$$
C_v = \sqrt{\frac{\sum (k_i - 1)^2}{n - 1}}
\tag{4-7}
$$

$$
C_s = \sqrt{\frac{\sum (k_i - 1)^3}{(n-3)\,C_v^3}}
\tag{4-8}
$$

将这些待定参数用统计参数代入皮尔逊 -Ⅲ 型分布曲线方程式中，则方程式可写成

$$
y = f\left(\bar{x}, C_v, C_s, x\right)
\tag{4-9}
$$

皮尔逊 -Ⅲ 型概率密度函数就确定了，给一个 x 值就可以计算一个 y 值，从而可以绘出概率密度曲线，如图 4-1 所示。

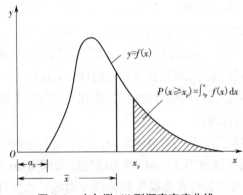

图 4-1　皮尔逊 -Ⅲ 型概率密度曲线

确定分布曲线后，参数的优化是城市暴雨资料调整的最重要工作。我国水文工作者对皮尔逊 -Ⅲ 型分布曲线的参数估计问题做了大量研究工作，提出了矩法、适线法、权函数法、数值积分法、权函数法、极大似然法、最小二乘法和遗传算法等，但这些方法均存在的一些缺点和局限性。其中，适线法是由实测样本直接推求参数的估计值，它是集线型选配和参数估计于一体的一种方法。目前，天津水文系统采用主要采用目估适线法。

1）目估适线法

目估适线法是通过采用矩法或其他方法,估计出一组参数作为初值,然后根据经验判断调整参数,选定一条与经验点据拟合良好的频率曲线,适线原则有 3 条。

（1）尽可能照顾点群的趋势,使频率曲线通过点群的中心,但可适当多考虑上部和中部点据。

（2）应分析经验点据的精度（包括横、纵坐标）,使曲线尽量地接近或通过比较可靠的点据。

（3）对于特大值,适线时不宜机械地通过这些点据,而使频率曲线脱离点群,但也不能为照顾点群趋势使曲线离开特大值太远。

这种方法的经验性强、适线灵活,不受频率曲线线型的限制。适线时可以照顾重要的点（如特大值和精度较高的点）,便于水文工作人员把自己的经验和频率分析结合起来。但其缺点也是明显的。例如,适线成果往往因人而异,任意性较大;在一张概率格纸上同时要优选 3 个参数是很困难的,因此常采用经验 C_s/C_v 值。但这样选定的 C_s/C_v 比值缺乏依据,很难从水文现象本身和统计学理论做出解释等。

先采用目估适线法统计参数时,根据经验取 $C_s/C_v=3.5$。根据目估适线的参数,通过公式率定,推求出的暴雨强度公式的精度较差,不满足规范要求。

经分析发现,不同保证率、不同时段的暴雨参数在纵向分布上是有一定规律的,暴雨强度公式的目标函数误差要求就是不同时段的频率线之间的分布约束,分布不合理,强度公式的目标函数不能达到误差要求。现在有了约束,纵向分布就有了依据,此次修编总结出了另外一种适线方法——纵向分布约束适线法。

2）纵向分布约束适线法

纵向分布约束适线法以暴雨强度公式的计算精度作为适线参数的修正和约束,根据《室外排水设计规范》（GB 50014—2006,2016 版）暴雨强度抽样拟合误差公式精度以平均绝对均方差控制,平均绝对均方差不大于 0.05 mm/min,在高重现期暴雨强度较大的地方,平均相对均方差不大于 5%。在不同保证率、不同时段的暴雨参数估计中增加一个目标函数,考虑了纵向目标,对较多的参数分阶段进行率定,一个目标函数控制两个参数,先率定两个参数,再率定另外两个参数,可有效减少“异参同效”效应的发生。

4.1.3　暴雨强度公式推求

4.1.3.1　暴雨强度的基本公式

目前,我国常用的暴雨强度公式表达为

$$i = \frac{A}{(t+b)^n} \tag{4-10}$$

式中：i 为设计暴雨强度（mm/min）；A 为雨力（mm/min）；t 为降雨历时（min）；b 为地区参数；n 为暴雨衰减系数。其中,A 随重现期 t 而变,与 t 的关系常采用 $A=A_1(1+c\lg T)$ 表示,其

中 A_1 和 C 为地区参数，T 为重现期，年。

暴雨强度公式可改写为

$$i = \frac{A_1(1 + c \lg T)}{(t + b)^n} \tag{4-11}$$

上述各式中，n、b、A 为地区性参数，其值随地区不同而异。其实，推求暴雨公式的核心就是分析并率定上述 3 个参数，当这 3 个参数定了，暴雨公式也就定下来了。

编制暴雨强度公式（一般指暴雨强度总公式），在编制时有 2 种途径：①编制暴雨强度分公式，在其基础上再编制暴雨强度总公式；②直接由暴雨强度、降雨历时和重现期的关系编制暴雨强度总公式。

暴雨强度公式的编制过程，就是参数 A_1、b、c、n 的求解过程。目前，城市暴雨强度公式都为超定非线性方程，其主要求解方法大体可分为 2 种。

（1）采用图解法和线性最小二乘法相结合来求其参数。该方法的特点是原理简单，但工作量大，而且由于采用关系图试凑，参数具有一定的任意性，计算精度受人为因素影响较大，故本报告不予采用。

（2）采用最优化法直接求解超定非线性方程组。该方法特点是精度较高，且能够避免图解类方法试凑和反复调整等烦琐工作。故本报告采用最优化法直接求解超定非线性方程组。

4.1.3.2 天津市暴雨强度公式拟合

本次研究采用优选回归法、加速遗传法、麦夸尔特法 3 种优选程序进行参数率定，选择误差最小的方法作为最优的方式。

1）优选回归分析法

优选回归分析法的原理简单易懂、编程简单、收敛快、精度较高。

对式（4-10）两端取对数得

$$\lg i = \lg A - n \lg(t + b) \tag{4-12}$$

根据最小二乘原理，线性回归计算的目标函数为

$$Q = \sum_{k=1}^{m} \left[\lg i_k - \lg A + n \lg(t_k + b) \right]^2 \tag{4-13}$$

为使 $Q = Q_{\min}$，取 Q 关于 $\lg A$ 和 n 的偏导数，并令其等于零，

$$n = \frac{\sum\limits_{k=1}^{m} \lg i_k \sum\limits_{k=1}^{m} \lg(t_k + b) - m \sum\limits_{k=1}^{m} \left[\lg i_k \lg(t_k + b) \right]}{m \sum\limits_{k=1}^{m} \left[\lg(t_k + b) \right]^2 - \left[\sum\limits_{k=1}^{m} \lg(t_k + b) \right]^2} \tag{4-14}$$

$$\lg A = \frac{\sum\limits_{k=1}^{m} \lg i_k + n \sum\limits_{k=1}^{m} \lg(t_k + b)}{m} \tag{4-15}$$

式中：$m = 9$，即 9 个历时；其余同前。系数 b 一旦确定，即可依式（4-14）、式（4-15）求出 A 和

n。根据国内各地现有的暴雨公式分析，b 值的范围一般在 0~100 之间，故可取 $b_1=0$，$b_2=100$，以 $|b_1-b_2|<10^{-6}$ 作为结束条件。若最佳值正好在端点时，则可增大范围。当参数 A、n、b 确定后，暴雨强度分公式即编制出来。

2）加速遗传法

（1）基本原理。遗传算法（Genetic algorithm，GA）是一种基于自然选择和自然基因机制的算法，其是处理一般非线性模型参数估计的一种通用性较强的寻优方法，对模型是否线性、连续、可微等没有限制，也不受优化变量数目、约束条件的束缚。该方法直观、简便，通用、适应性强。

（2）计算步骤。暴雨强度总公式［式（4-11）］中含有 4 个未知参数，用加速遗传法求解 4 个参数时的具体设置如下。

对于暴雨强度总公式，构造目标函数

$$Q(x) = \sum_{i=1}^{k} \sum_{j=1}^{m} \left[\frac{A_1 + c\lg T_i}{(b+t_j)^n} - i_j \right]^2 \tag{4-16}$$

式中：i 为重现期的个数；j 为降雨历时的个数。

式（4-11）中参数的优化就归结为该目标函数的最小化问题。将式（4-16）中目标函数 $Q(x)$ 变换成相应的适应度函数

$$F_i[Q(x)] = \frac{1}{[1+Q(x)]} (Q(x) \geqslant 0) \tag{4-17}$$

其中，F_i 的值越大，表示该个体的适应能力越强，则该个体越优秀，该串解码所对应的解越好。

3）麦夸尔特法

（1）基本原理。城市暴雨公式的推求属于超定非线性方程的求解，而非线性关系式的一般形式如下。

设变量 y 与变量 $x_1, x_2, \cdots, x_p$ 满足关系

$$y = f(x_1, x_2, \cdots, x_p; b_1, b_2, \cdots, b_m) \tag{4-18}$$

式中：f 是待定参数 $b_1, b_2, \cdots, b_m$ 的非线性函数。

根据变量 $x_1, x_2, \cdots, x_p$ 和 y 的 N 组观测值，在最小二乘意义下，给出确定非线性模型中的参数的方法，即为麦夸尔特法。

（2）计算步骤。首先，计算残差的平方和 Q

设已知数据矩阵

$$X = \begin{bmatrix} x_{11} & x_{12} & \cdots & x_{1p} & y_1 \\ x_{21} & x_{22} & \cdots & x_{1p} & y_2 \\ \cdots & \cdots & \cdots & \cdots & \cdots \\ x_{n1} & x_{n2} & \cdots & x_{np} & y_n \end{bmatrix} \tag{4-19}$$

给出 m 个参数的初始值 b_i^0（$i=1,2,\cdots,m$），由 b_i^0 计算 N 组数据的残差平方和 Q。

$$Q = \sum_{i=1}^{N}\left[y_i - \hat{y}_i\right] = \sum_{i=1}^{N}\left[y_i - f(x_{i1},x_{i2},\cdots,x_{ip};b_1^0,b_2^0,\cdots,b_m^0)\right]^2 \quad (4\text{-}20)$$

其次，计算方程组的系数 a_{ij} 和常数项 a_{iy}

令 $b_i - b_i^0 = \Delta_i$（$i=1,2,\cdots,m$），由最小二乘的原则，Δ_i（$i=1,2,\cdots,m$）满足线性方程组

$$\begin{cases} (a_{11}+d)\,\Delta_1 + a_{12}\Delta_2 + \cdots + a_{1m}\Delta_m = a_{1y} \\ a_{21}\Delta_1 + (a_{22}+d)\Delta_2 + \cdots + a_{2m}\Delta_m = a_{2y} \\ \qquad\qquad \cdots\cdots \\ a_{m1}\Delta_1 + a_{m2}\Delta_2 + \cdots + (a_{mm}+d)\Delta_m = a_{my} \end{cases} \quad (4\text{-}21)$$

$$\begin{cases} a_{ij} = \sum_{k=1}^{N} \dfrac{\partial f}{\partial b_i}(x_{k1},x_{k2},\cdots,x_{kp};b_1^0,\cdots,b_m^0)\cdot\dfrac{\partial f}{\partial b_j}(x_{k1},x_{k2},\cdots,x_{kp};\ b_1^0,\cdots,b_m^0) \quad (i,j=1,2,\cdots,j) \\ a_{iy} = \sum_{k=1}^{N} \dfrac{\partial y}{\partial x}(x_{k1},x_{k2},\cdots,x_{kp};b_1^0,\cdots,b_m^0)\cdot(y_k - \hat{y}_k) \quad (i,j=1,2,\cdots,m) \end{cases}$$

$$(4\text{-}22)$$

式中：d 为阻尼因子，当 $d=0$ 时，就是通常的高斯－牛顿迭代法。

最后，解方程组，得到 Δ_i（$i=1,2,\cdots,m$），从而 $b_i = \Delta_i + b_i^0$，当 $\max_i|b_i - b_i^0| = \min_i|\Delta_i| < eps$ 时，迭代结束，其中 eps 表示限制误差。否则把 b_i^0（$i=1,2,\cdots,m$）的值作为参数的初值，重复计算步骤，直到达到要求的精度为止。

4.1.4　一年多遇设计值计算

年最大值法选样的缺点是不能设计 1 年及以下暴雨强度。此次修编采用一年多遇的资料系列，通过皮尔逊－Ⅲ型频率适线，分析出 $P=99.99\%$ 的设计值作为一年多遇的设计值。即分别选取不同时段年第 2 大、第 3 大、第 4 大暴雨作为样本，分别形成系列，通过年第 2 大系列分析一年 2 遇、通过年第 3 大系列分析一年 3 遇、通过年第 4 大系列分析一年 4 遇统计特征，分别取 $P=99.99\%$ 的设计值作为一年多遇的设计值。

由年最大暴雨大构成的样本为年最大值样本，经频率计算得到的为年最大频率曲线。若设计标准为 P，由此求得的 $x_P^{(1)}$ 表明按此设计的排水管道未来每年发生排水不及（或地面积水）事件的概率为 P。因为取样是以一年作为 1 次"试验"的，所以这又可理解为平均间隔 $T=1/P$ 年会出现 1 次排水不及（或地面积水）事件，即这种事件的重现期为 $T=1/P$。

由年第 2 大暴雨构成的样本为年第 2 大样本，经频率计算得到的为年第 2 大频率曲线。若设计频率为 P，由此求得的 $x_P^{(2)}$ 表明按此设计的排水管道未来平均每年发生 1 次排水不及（或地面积水）事件是必然的，即概率为 1，而平均每年发生 2 次排水不及（或地面积水）事件的概率为 P。因为取样是以一年作为 1 次"试验"的，所以这又可理解为平均每年都会发生 1 次排水不及（或地面积水）事件，而且间隔 $T=1/P$ 年还会出现平均每年 2 次排水不及

（或地面积水）事件，即每年有 2 次排水不及（或地面积水）事件的重现期为 $T=1/P$。若取 $P=1$，则表明按 $x_{P=1}^{(2)}$ 设计的排水管道平均每年必发生 2 次排水不及（或地面积水）事件。这种情况的重现期应为 1 年，而不是 0.5 年，即不是一年 2 遇。

同理，由年 3 大和 4 大暴雨构成的样本分别为年第 3 大和第 4 大样本，经频率计算得到的分别是年第 3 大和第 4 大频率曲线。若设计标准为 P，由此求得的 $x_P^{(3)}$ 和 $x_P^{(4)}$ 分别表明按 $x_P^{(3)}$ 和 $x_P^{(4)}$ 设计排水管道，未来平均每年发生 2 次和 3 次排水不及（或地面积水）是必然的，即概率为 1，而平均每年分别发生 3 次和 4 次排水不及（或地面积水）的概率为 P。因为取样是以一年作为 1 次"试验"的，所以这又可理解为平均每年分别会发生 2 次和 3 次排水不及（或地面积水）事件，而且间隔 $T=1/P$ 年还会出现平均每年 3 次和 4 次排水不及（或地面积水）事件，即每年有 3 次和 4 次排水不及（或地面积水）事件的重现期为 $T=1/P$。若取 $P=1$，则表明按 $x_{P=1}^{(3)}$、$x_{P=1}^{(4)}$ 设计的排水管道平均每年必然发生 3 次和 4 次排水不及（或地面积水）事件。这种情况的重现期也是 1 年，而不是 0.33 年或 0.25 年，即不是一年 3 遇和一年 4 遇。

余类推。由年最小值构成的样本为年最小值样本，经频率计算得到的为年最小值频率曲线（图 4-2 和图 4-3）。若设计频率为 P，由此求得的 $x_P^{(\min)}$ 表明按此设计的排水管道未来平均每年发生排水不及（或地面积水）事件的次数为最大值至次小值的所有次数，一年中每次均发生排水不及（或地面积水）事件的概率为 P。因为取样是以一年作为 1 次"试验"的，所以又可理解为平均每年发生的排水不及（或地面积水）事件的次数为从最大值至次小值的所有次数，而且间隔 $T=1/P$ 年还会发生一年中每次均发生排水不及（或地面积水）事件，即一年中每次均为排水不及（或地面积水）事件的重现期为 $T=1/P$。若取 $P=1$，则表明按 $x_{P=1}^{(\min)}$ 设计的排水管道平均全年每次均发生排水不及（或地面积水）事件，这种情况的重现期仍为 1 年，而不是 $1/k$ 年，也不是一年 k 遇，k 为一年的最大至最小的所有暴雨次数。

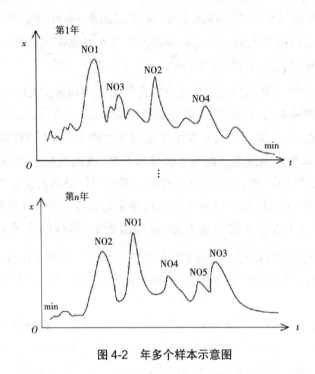

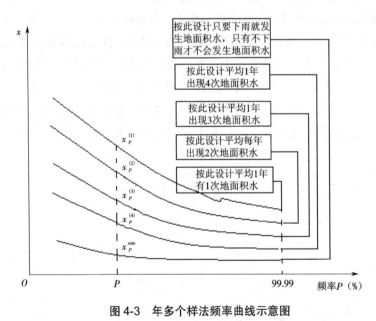

图 4-2　年多个样本示意图

图 4-3　年多个样法频率曲线示意图

综上分析,如果平均每年最多只允许发生 1 次地面积水,则必须采用年最大值作频率分析,此时设计标准 P,即按此求得的 $x_P^{(1)}$ 设计,平均每年只发生 1 次地面积水的概率为 P,重现期为 $T=1/P$;当 $T=1$,即允许平均每年只有 1 次地面积水时,设计值为 $x_{P=1}^{(1)}$。

如果平均每年最多允许发生 2 次地面积水,则应采用年第 2 大作频率分析,此时设计标准 P,即按此求得的 $x_P^{(2)}$ 设计,平均每年发生 1 次地面积水是必然的,而平均每年发生 2 次

地面积水的概率为 P,这种情况的重现期为 $T=1/P$;当 $T=1$,即允许平均每年有 2 次地面积水时,设计值为 $x_{P=1}^{(2)}$。余类推。如果一年中每次都发生地面积水,即 $T=1$,则按历年最各次最小值设计。

此外,不难发现,除年最大和最小外,年第 2 大、年第 3 大……一直到年次小的选样,很可能有许多是在一次暴雨中选的,如此得到的样本,在数理统计理论中该如何理解,还有待商榷。

4.1.5　设计雨型推求方法

4.1.5.1　Keifer–Chu 方法(芝加哥方法)

Keifer 和 Chu 于 1957 年提出了一种应用于下水道设计的雨量过程线,是根据某一特定重现期的强度 – 历时曲线制定出来的,表达式为

峰前

$$i_a = \frac{a\left[(1-b)\dfrac{t_a}{1-r}+c\right]}{\left(\dfrac{t_a}{1-r}+c\right)^{1+b}} \tag{4-23}$$

峰后

$$i_b = \frac{a\left[(1-b)\dfrac{t_b}{r}+c\right]}{\left(\dfrac{t_b}{r}+c\right)^{1+b}} \tag{4-24}$$

式中:i_a 为峰前时间 t_a 的雨强;i_b 为峰后时间 t_b 的雨强;t_b 为峰前时间;t_a 为峰后时间;r 为雨峰的位置;a,b,c 为系数。

4.1.5.2　Pilgrim–Cordery 法(级序平均法)

Pilgrim 和 Cordery 于 1975 提出研究了一种设计暴雨过程线的方法。该法将雨峰时段定位在出现概率最大的位置,雨峰时段在总雨量所占的比例定义为各场降雨雨峰在总雨量中所占的比例平均值,其余各时段的具体位置和所占比例采用同样方法原理来定义。

简单步骤如下。

(1)选取一定历时的大雨样本。

(2)分历时为若干时段,时段的长度取决于设计洪水计算的需要和观测资料的分段情况。

(3)对每次降雨,根据每个时段的雨深,排列各时段的序号,由全部各次降雨计算每一时段的平均序号,作为时段排列的序号;标明最大雨深时段最可能的序号,次大雨深时段最可能的序号等。

(4)确定每次降雨每个序号时段雨量占降水量的百分比;对应各次降水计算在序号为

1、2、3……时段的平均百分数。

（5）以第 3 步中所确定的最大可能的次序,从第 4 步中确定的相对值,安排时段,构成雨量过程线。

4.1.5.3　同频率分析法

同频率分析法又称"长包短"方法,步骤如下。

（1）将每年的连续降雨划分为次降雨过程。

（2）在各次暴雨过程中摘取时段降雨子过程。

（3）众值定位,统计各时段降雨子过程的雨峰的位置 r。

（4）均值定量,以平均情况确定各时段雨量的比例,最终推求到雨型。

同频率分析法的优点在于统计时摘取了所有研究时段的降雨子过程,包含了总历时降雨量小而部分时段降雨量大的暴雨样本,选取样本全面。推求的设计暴雨雨型具有在雨峰各时段的平均雨强与暴雨公式计算的平均雨强相等的特性,可方便地应用于城市排水系统的管道设计。

4.1.6　暴雨点面关系推求

设计暴雨计算可分为点暴雨频率计算和面暴雨频率计算。点暴雨频率计算是针对一个雨量站的资料系列作统计计算;面暴雨频率计算是对设计区域的面平均雨量资料作统计计算。推求设计洪水所需要的是流域面平均雨量的设计暴雨过程,而不是点雨量过程。当流域面积较大时,降雨时空分布不均匀的特性更加突出,不能简单地以点设计暴雨量代替面设计暴雨量。设计面暴雨的分析方法有直接计算和间接计算两种。直接计算要求流域内长期站分布较密,资料充分。一般中小流域资料短缺,不具备直接计算所要求的资料,所以多采用间接计算法。先求出流域中心处制定频率的设计点雨量,再通过点雨量与面雨量之间的关系,将设计点雨量转化为所要求的设计面雨量。常用的点 - 面折算系数的方法有定点定面法与动点动面法。

4.1.6.1　面平均雨深的计算

面平均雨深的计算直接关系到点 - 面折算系数的精度。传统的计算方法有等雨量线法、泰森(Thiessen)多边形法和算术平均法等。算术平均法最为简单,但这种方法只适合于地形平坦、雨量站分布均匀并且各测站的观测值与平均值相差不大的地区。在雨量站分布不均匀的地区,采用泰森多边形法,可得到每个子区域的权重。等雨量线是在地图上表示每一地点的降雨观测值和插补值,方法灵活方便,对地形地貌的影响考虑最为周全,但费力费时。基于 GIS 的网格插值方法利用 GIS 软件技术将研究区域网格化,由实测降雨数据插值求出网格点的雨量值,从而计算区域的面降雨量。常用方法有距离平方倒数法、克里金(Kriging)法和神经网络技术等。这类方法比传统方法精度高,但计算过程较复杂。近年来,采用遥感方法获得面平均雨深取得发展,遥感方法是利用雷达、卫星等遥感资料计算区域的降水深,虽然目前精度还有待提高,但是未来发展方向之一。

4.1.6.2　定点定面关系

定点定面关系为一个地区内不同面积的多个流域或具有固定边界小区的面平均雨深的统计参数与流域或小区的关系。由于点和面的边界是固定不变的,所以称为定点定面关系。定点定面关系分析计算工作量较大,需要研究区域具有相当数量的资料,否则无法建立关系。我国华南地区在 20 世纪 80 年代初进行了广泛分析和地区综合,但雨量站点稀,分布不均匀,资料系列长度不一。定点定面雨量的变差系数的关系比较复杂,目前分析工作还不够。

4.1.6.3　动点动面关系

动点动面关系反映的是暴雨中心地点的点雨量与以暴雨中心周围各条闭合等雨深线包围面积内的平均面雨量之间的点面关系。因为各场暴雨的中心点和等雨深线的位置是变动的,所以称为动点动面关系。该方法可以利用站网较密的近期资料,每年还可选取多次暴雨做分析,因此可利用的暴雨资料次数比定点定面法增加不少,是点面分析中的常用方法。该方法描述一次暴雨的雨深是由暴雨中心向四周递减的自然规律,物理概念明确。但由于流域的点雨量大多并非暴雨中心雨量,流域边界与等雨深线也不一致,所以在进行设计暴雨时必须作一致性假定。在此前提下推求的雨量也必然会存在偏差,与可能最大暴雨等值线图配合使用,精度才能提高。

4.1.6.4　动点定面关系

动点定面关系是在定点定面基础上的延伸,反映的是暴雨中心点的点雨量与具有固定边界的区域内的面平均雨深的点面关系。因为各场暴雨的中心点是变动的,区域的边界是固定不变的,所以称为动点定面关系。该方法解决了定点定面关系计算中暴雨中心未在区域中心点时,可能存在的暴雨点面关系失真的情况,可以描述暴雨本身的变化规律,暴雨典型可出现在任何一个地方,暴雨与流域面积的关系接近于确定的关系,具有较强的物理基础和可操作性。对于面积较小的流域,采用定点定面关系推求雨量能取得较好的精度,如在城市面积较小的时期采用这用方法较好。城市快速扩张后,区域面积增大,采用动点定面关系推求降雨量更为合理,且可方便移用到无资料区域。本研究采用该方法进行计算。

4.2　天津市概况

4.2.1　自然地理

天津市位于华北平原东北部,海河流域的下游,北依燕山,东临渤海,地理坐标介于北纬 38° 33′ 57″ —北纬 40° 14′ 57″ , 东经 116° 42′ 05″ —东经 118° 03′ 31″ 之间,东西宽 101.3 km,南北长 186 km,海岸线长 155 km。全市总面积 11 919.7 km²,其中平原占 93.9%,

山区和丘陵占 6.1%。

4.2.2　地形地貌

天津市的地形南北方向由北部蓟州山区向南逐级下降,东西方向由武清区永定河冲积扇尾部向东倾斜,由静海区南运河大堤向海河河口逐渐降低。区域地貌类型丰富,包括山地、丘陵、平原、海岸带等。其中,平原占天津总面积的 93.9%,分布于燕山之南至渤海之滨的广大地区;山地面积较小,集中分布在天津市蓟州区北部;丘陵主要是侵蚀丘陵区,分布在山地向平原过渡的地带;低平海岸带区分为潮间带区和水下岸坡区两部分。

4.2.3　河流水系

天津市位于海河流域下游,流经该市行洪河道 19 条,排涝河道 79 条,分属海河流域的北三河(蓟运河、潮白河、北运河)水系、永定河水系、大清河水系、海河干流水系、黑龙港运东水系和漳卫南运河水系。另外,由于"引滦入津"工程的新建,使滦河成为天津市的重要供水水源。

4.2.4　气候特征

天津市位于中纬度欧亚大陆东岸,主要受季风环流的支配,是东亚季风盛行的地区,属大陆性气候。主要气候特征是:四季分明;春季多风,干旱少雨;夏季炎热,雨水集中;秋季气爽,冷暖适中;冬季寒冷,干燥少雪。天津市年平均气温在 11.4~12.9 ℃,市区平均气温最高为 12.9 ℃。1 月最冷,平均气温在 -3~5 ℃;7 月最热,平均气温在 26~27 ℃。多年平均降水量 574.9 mm,降水量空间分布不均,山区多于平原,沿海多于内地;降水量时间分布也不均,体现在年际变化和年内变化较大。年际间,丰水年最高降水量达 948.3 mm(1964 年),枯水年最低降水量 306.5 mm(1968 年),丰枯比达 3.09∶1;年内降水量主要集中在汛期(6 月—9 月),占年降水量的 75% 左右,极易形成集中暴雨,春季则多干旱。

4.3　暴雨资料的分析处理

4.3.1　暴雨资料的审查与分析

暴雨资料是进行频率计算的基础,是决定成果精度的关键。分析内容包括资料的可靠性、一致性和代表性审查(也称"三性"审查)。对资料进行审查和分析也是为了满足统计上对样本独立同分布的要求,保证频率分析的前提成立。由单站和区域两方面对实测资料进行审查。

　　1)雨量站网分布及雨量资料可靠性

天津市降雨观测站网主要为水文和气象部门布设,水文站网一般比较稳定,位置相对固定,特定区域资料代表性较好。雨量观测站网一般采用人工、自记同步观测,原始记录资料完整,并经过检查、整编审核,资料可靠性较强,满足气象部门的观测要求。

目前,天津市境内现有水文系统雨量站 66 处,分布于天津市各区,雨量站密度控制在 200 km² 以内,其中国家基本雨量站 23 处(含海委属 2 处),委托观测雨量站 28 处,资料系列稳定,以上 51 处有较长期观测和整编资料(30 年以上)。近 10 年来,按国家防汛抗旱指挥系统要求,天津市完成了所有雨量站自动测报系统建设工作,并新增建了雨量站 15 处。目前,60 余个雨量站均实现了雨量自动测报。

2)代表雨量站确定

结合自然地理特征、行政管理属性及气象气候特征、暴雨分布特性,考虑天津市地处海河流域下游平原低洼区,滨临渤海,北靠燕山山脉迎风坡,受大型工业城市的影响等诸多因素,划定山区、平原区、滨海区及中心城区 4 大区域。

山区:蓟州北部海拔 20 m 以上的蓟州区北部地区。

平原区:蓟州平原区、宝坻区、武清区、宁河区、静海区。

滨海区:滨海新区。

中心城区:市内 6 区及环城 4 区。

根据《室外排水设计规范》(GB 50014—2006,2016 版)有关规定中,对于雨量观测站点的选取,要求选取记录最长的一个固定观测点;其位置应接近城镇地理中心或偏上游,资料年数一般应大于 10 年,以便尽可能包括降雨的丰水年和枯水年,且资料必须是连续的。统计资料年限越长,其暴雨强度公式就越能反映当地的暴雨强度规律。经分析,确定每个分区的代表雨量站,站点情况见表 4-1。

表 4-1　天津市暴雨强度公式修订代表雨量站情况表

区域	站名	站址	坐标		设站年份
			东经	北纬	
中心城区	耳闸	河北区堤头大街	117° 10′	39° 10′	1950
滨海区	海河闸	滨海新区新港	117° 43′	39° 01′	1959
山区	于桥水库	蓟州区于桥水库	117° 31′	40° 02′	1960
平原区	九王庄	宝坻区九王庄	117° 24′	39° 46′	1930

3)资料系列代表性分析

用于分析的资料系列首先要具备可靠性,其次要具有代表性。统计分析的目的就是利用已有资料的变化规律综合归纳当前的设计值或推断今后可能发生的情况,一般 20~30 年的资料才具有一定的代表性。

此次修编选用 1974—2012 年,共 39 年;5、10、15、20、30、45、60、90、120、180 min 共 10 个历时的短历时暴雨资料。根据水文降雨资料分析,1974—2012 年资料系列包括丰水年 13 年,占系列的 33.3%;平水年 11 年,占系列的 28.2%;枯水年 15 年,占系列的 38.5%,样本具有代表性。天津市在以 1999 年《暴雨图集》修编工作中逐年做过系列代表性分析,当系列长度超过 29 年后,降水统计参数趋于稳定。本次暴雨强度公式分析采用 39 年资料系列,具有代表性,符合《室外排水设计规范》(GB 50014—2006,2016 版)要求,如图 4-4 所示。

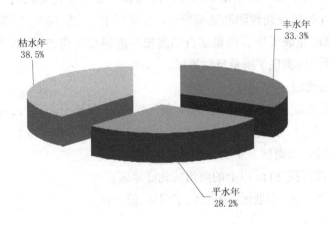

图 4-4　1974—2012 年天津市水文降雨资料系列代表性

4.3.2　暴雨资料的选样

根据《室外排水设计规范》(GB 50014—2006,2016 版),本次暴雨强度公式修订工作中,通过年多个样法和年最大值法进行暴雨强度特征分析,从而计算并推求暴雨强度公式。

1)年最大值法选样

取规范规定的 10 个历时(5、10、15、20、30、45、60、90、120、180 min)的 1 个最大降雨量。经整理,每个代表站均有由 39 年的 390 个样本组成暴雨资料系列。

2)年多个样法选样

取规范规定的 10 个历时(5、10、15、20、30、45、60、90、120、180 min),每个历时每年选取 8 个最大暴雨资料。经整理,每个代表站有 39 年的 3 120 个样本,按照历时分别进行排序,并取每个历时的前 156 个(实测年数的 4 倍)数据,合计 1 560 个样本组成暴雨资料系列。

4.4　暴雨强度 – 降雨历时 – 重现期数据表的建立

用各代表站年最大值法和年多个样法适线结果的各计算参数、调整优化后的取值及应用最终确定的各参数制成重现期 T、暴雨强度 i 和降雨历时 t 的关系,见图 4-5 至图 4-12,表 4-2 至表 4-9。

1)耳闸站

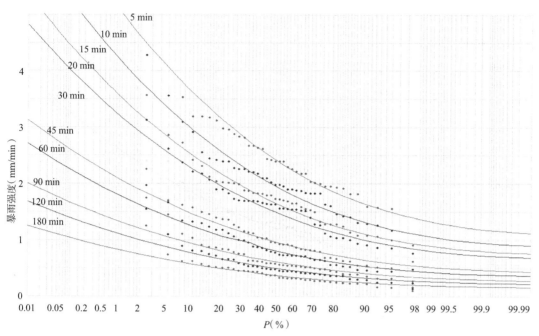

图 4-5 耳闸站年最大值法暴雨强度频率强度适线图

表 4-2 耳闸站年最大值法 *i-t-T* 关系表 （mm/min）

重现期（年）	5 min	10 min	15 min	20 min	30 min	45 min	60 min	90 min	120 min	180 min
100	5.037	4.162	3.527	3.182	2.582	2.067	1.743	1.322	1.101	0.823
50	4.627	3.814	3.232	2.917	2.366	1.894	1.597	1.212	1.007	0.752
20	4.064	3.337	2.828	2.552	2.070	1.657	1.398	1.060	0.878	0.656
10	3.614	2.957	2.506	2.261	1.834	1.468	1.238	0.940	0.775	0.579
5	3.130	2.550	2.161	1.950	1.582	1.266	1.068	0.810	0.665	0.497
3	2.737	2.220	1.881	1.698	1.377	1.102	0.959	0.705	0.577	0.445
2	2.381	1.923	1.629	1.470	1.193	0.955	0.805	0.611	0.497	0.371

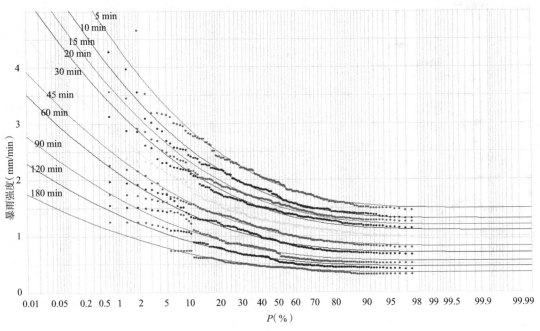

图 4-6　耳闸站年多个样法暴雨强度频率适线图

表 4-3　耳闸站年多个样法 *i-t-T* 关系表　　　　　　　　（mm/min）

重现期 （年）	5 min	10 min	15 min	20 min	30 min	45 min	60 min	90 min	120 min	180 min
100	5.156	4.520	4.131	3.808	3.307	2.843	2.521	1.991	1.647	1.260
50	4.729	4.146	3.789	3.493	3.034	2.608	2.306	1.821	1.507	1.152
20	4.166	3.652	3.338	3.077	2.672	2.298	2.023	1.598	1.322	1.011
10	3.740	3.279	2.997	2.763	2.399	2.063	1.810	1.429	1.182	0.904
5	3.315	2.906	2.656	2.449	2.126	1.828	1.597	1.261	1.043	0.798
3	3.008	2.637	2.410	2.222	1.930	1.659	1.444	1.140	0.943	0.721
2	2.754	2.414	2.207	2.034	1.767	1.519	1.317	1.040	0.860	0.658
1	2.331	2.044	1.868	1.722	1.495	1.286	1.108	0.875	0.724	0.554
0.5	1.910	1.675	1.530	1.411	1.225	1.053	0.902	0.713	0.590	0.451
0.33	1.667	1.461	1.335	1.231	1.069	0.919	0.787	0.621	0.514	0.393
0.25	1.499	1.315	1.202	1.108	0.962	0.827	0.713	0.563	0.466	0.356

2）海河闸站

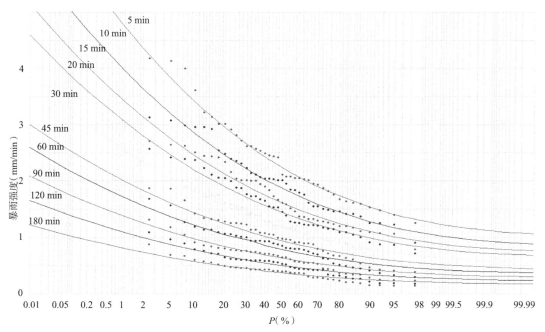

图 4-7　海河闸站年最大值法暴雨强度频率强度适线图

表 4-4　海河闸站年最大值法 *i-t-T* 关系表　　　（mm/min）

重现期（年）	5 min	10 min	15 min	20 min	30 min	45 min	60 min	90 min	120 min	180 min
100	4.750	3.966	3.420	3.058	2.552	2.003	1.713	1.380	1.096	0.812
50	4.364	3.643	3.142	2.809	2.339	1.841	1.570	1.265	1.005	0.744
20	3.833	3.200	2.759	2.468	2.047	1.617	1.374	1.107	0.879	0.651
10	3.408	2.845	2.454	2.194	1.814	1.437	1.217	0.981	0.779	0.577
5	2.952	2.464	2.125	1.900	1.564	1.245	1.050	0.846	0.672	0.497
3	2.581	2.155	1.858	1.662	1.362	1.089	0.943	0.736	0.585	0.447
2	2.245	1.875	1.617	1.446	1.179	0.947	0.792	0.638	0.506	0.375

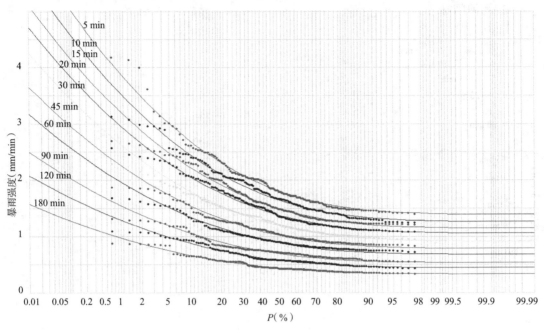

图 4-8　海河闸站年多个样法暴雨强度频率适线图

表 4-5　海河闸站年多个样法 *i-t-T* 关系表 　　　　　　　　　　　（mm/min）

重现期（年）	5 min	10 min	15 min	20 min	30 min	45 min	60 min	90 min	120 min	180 min
100	4.545	4.136	3.756	3.467	3.101	2.662	2.318	1.824	1.520	1.153
50	4.192	3.815	3.464	3.198	2.852	2.449	2.132	1.678	1.398	1.061
20	3.724	3.389	3.078	2.841	2.523	2.166	1.886	1.484	1.237	0.938
10	3.369	3.066	2.784	2.570	2.274	1.952	1.700	1.337	1.115	0.846
5	3.013	2.742	2.490	2.298	2.025	1.738	1.514	1.191	0.993	0.753
3	2.754	2.506	2.276	2.101	1.844	1.583	1.379	1.084	0.904	0.686
2	2.538	2.310	2.098	1.936	1.694	1.454	1.266	0.996	0.830	0.630
1	2.176	1.980	1.798	1.660	1.443	1.238	1.078	0.848	0.707	0.536
0.5	1.805	1.643	1.492	1.377	1.190	1.021	0.889	0.700	0.583	0.442
0.33	1.580	1.438	1.306	1.205	1.039	0.892	0.777	0.611	0.510	0.386
0.25	1.400	1.274	1.157	1.068	0.928	0.797	0.694	0.546	0.455	0.345

3）九王庄站

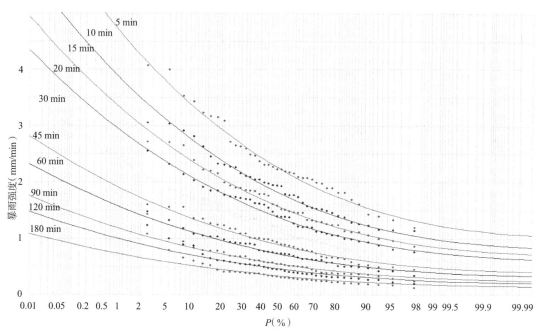

图 4-9　九王庄站年最大值法暴雨强度频率强度适线图

表 4-6　九王庄站年最大值法 i-t-T 关系表　　　　　　　　（mm/min）

重现期 （年）	5 min	10 min	15 min	20 min	30 min	45 min	60 min	90 min	120 min	180 min
100	4.614	3.831	3.284	2.896	2.371	1.877	1.548	1.168	0.985	0.726
50	4.249	3.520	3.017	2.660	2.178	1.724	1.422	1.073	0.905	0.667
20	3.746	3.091	2.650	2.336	1.913	1.514	1.249	0.943	0.795	0.586
10	3.343	2.749	2.356	2.078	1.701	1.347	1.110	0.838	0.707	0.521
5	2.909	2.381	2.041	1.799	1.473	1.166	0.962	0.726	0.612	0.451
3	2.554	2.082	1.785	1.574	1.288	1.020	0.867	0.635	0.535	0.407
2	2.232	1.811	1.552	1.369	1.121	0.887	0.732	0.552	0.466	0.343

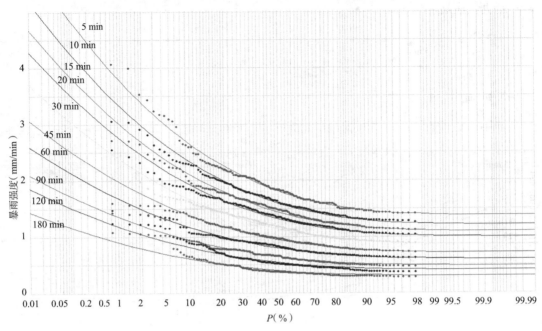

图 4-10　九王庄闸站年多个样法暴雨强度频率适线图

表 4-7　九王庄站年多个样法 *i-t-T* 关系表　　　　　　　　　　　（mm/min）

重现期 （年）	5 min	10 min	15 min	20 min	30 min	45 min	60 min	90 min	120 min	180 min
100	4.376	3.848	3.473	3.181	2.754	2.283	1.933	1.563	1.373	1.052
50	4.048	3.559	3.212	2.942	2.548	2.112	1.788	1.445	1.266	0.968
20	3.612	3.175	2.866	2.625	2.273	1.884	1.596	1.290	1.125	0.856
10	3.280	2.884	2.603	2.384	2.064	1.711	1.449	1.171	1.018	0.772
5	2.946	2.590	2.338	2.141	1.854	1.537	1.302	1.052	0.910	0.687
3	2.703	2.377	2.145	1.965	1.701	1.410	1.194	0.965	0.832	0.626
2	2.500	2.198	1.984	1.817	1.573	1.304	1.104	0.893	0.767	0.575
1	2.156	1.895	1.711	1.567	1.357	1.125	0.952	0.770	0.657	0.490
0.5	1.800	1.583	1.429	1.309	1.133	0.939	0.795	0.643	0.545	0.404
0.33	1.579	1.388	1.253	1.148	0.994	0.824	0.697	0.564	0.477	0.353
0.25	1.389	1.221	1.102	1.009	0.874	0.724	0.614	0.496	0.423	0.315

3）于桥水库站

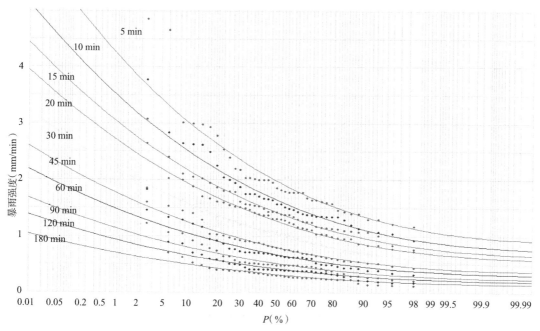

图 4-11　于桥水库站年最大值法暴雨强度频率强度适线图

表 4-8　于桥水库站年最大值法 *i-t-T* 关系表　　　　　　　　　（mm/min）

重现期（年）	5 min	10 min	15 min	20 min	30 min	45 min	60 min	90 min	120 min	180 min
100	4.120	3.413	2.955	2.636	2.150	1.721	1.448	1.110	0.915	0.690
50	3.785	3.136	2.715	2.422	1.975	1.577	1.327	1.017	0.839	0.633
20	3.325	2.754	2.384	2.127	1.735	1.380	1.161	0.890	0.734	0.554
10	2.956	2.449	2.120	1.892	1.543	1.223	1.029	0.789	0.650	0.490
5	2.560	2.121	1.836	1.638	1.336	1.054	0.887	0.680	0.561	0.423
3	2.239	1.855	1.606	1.433	1.168	0.918	0.772	0.592	0.488	0.380
2	1.948	1.613	1.397	1.246	1.016	0.795	0.669	0.513	0.423	0.319

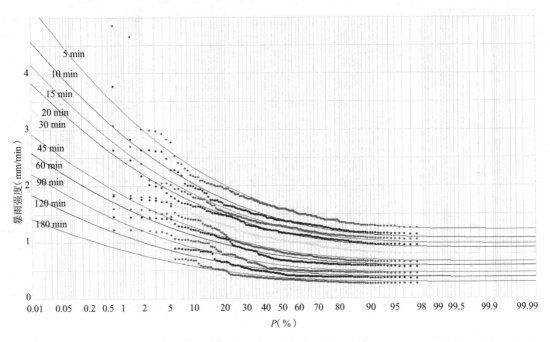

图 4-12　于桥水库站年多个样法暴雨强度频率适线图

表 4-9　于桥水库站年多个样法 *i-t-T* 关系表　　　　　　　（mm/min）

重现期（年）	5 min	10 min	15 min	20 min	30 min	45 min	60 min	90 min	120 min	180 min
100	3.884	3.398	3.093	2.857	2.508	2.161	1.915	1.609	1.342	1.030
50	3.592	3.143	2.860	2.642	2.320	1.993	1.766	1.476	1.231	0.945
20	3.205	2.804	2.552	2.358	2.070	1.771	1.569	1.300	1.084	0.833
10	2.911	2.547	2.318	2.141	1.880	1.602	1.419	1.167	0.973	0.747
5	2.615	2.288	2.082	1.923	1.688	1.432	1.269	1.034	0.863	0.662
3	2.399	2.099	1.910	1.764	1.549	1.310	1.160	0.939	0.783	0.601
2	2.218	1.941	1.767	1.632	1.433	1.207	1.069	0.859	0.717	0.550
1	1.913	1.674	1.524	1.407	1.235	1.034	0.916	0.727	0.607	0.466
0.5	1.598	1.398	1.272	1.175	1.032	0.858	0.760	0.596	0.497	0.382
0.33	1.401	1.226	1.116	1.031	0.905	0.751	0.666	0.520	0.434	0.333
0.25	1.232	1.078	0.981	0.907	0.796	0.666	0.590	0.468	0.390	0.300

4.5　暴雨强度公式编制

4.5.1　暴雨强度公式推求

按照皮尔逊 -Ⅲ型分布曲线推求的 i-t-T 数据表,采用优选回归法、加速遗传法、麦夸尔特法进行暴雨强度公式的推求,最终求得各站各公式拟合参数值,见表 4-10 至 4-17。

1)耳闸站

表 4-10　耳闸站暴雨强度公式计算结果(年最大值法)

计算方法	A_1	c	b	n	绝对误差	相对误差(%)
加速遗传法	12.818 3	0.756 2	9.609 3	0.689 3	0.033 3	2.005 2
麦夸尔特法	13.383 2	0.760 6	10.051 2	0.699 2	0.033 9	2.019 8
优选回归法	14.020 7	0.760 6	10.051 2	0.708 7	0.034 5	2.047 0

表 4-11　耳闸站暴雨强度公式计算结果(年多个样法)

计算方法	A_1	c	b	n	绝对误差	相对误差(%)
加速遗传法	18.820 7	0.605 1	20.000 0	0.648 9	0.032 1	1.755 3
麦夸尔特法	271.467 3	0.611 3	44.144 7	1.190 7	0.243 9	12.754 5
优选回归法	42.926 2	0.611 3	32.830 2	0.808 1	0.031 0	1.696 7

从上述表格可以看出,对于耳闸站年最大值法的计算结果, 3 种拟合方法的最终误差都满足规范要求,其中加速遗传法计算结果误差最小;对于耳闸站年多个样法的计算结果,除麦夸尔特法外,其余两种拟合方法的最终误差都满足规范要求,其中优选回归法的计算结果误差最小。

2)海河闸站

表 4-12　海河闸站暴雨强度公式计算结果(年最大值法)

计算方法	A_1	c	b	n	绝对误差	相对误差(%)
加速遗传法	16.333 0	0.767 2	13.475 7	0.738 6	0.033 0	2.056 5
麦夸尔特法	16.943 5	0.778 6	13.866 2	0.748 3	0.033 9	2.080 7
优选回归法	19.200 8	0.778 6	15.363 3	0.773 0	0.035 8	2.175 6

表 4-13　海河闸站暴雨强度公式计算结果(年多个样法)

计算方法	A_1	c	b	n	绝对误差	相对误差(%)
加速遗传法	16.481 1	0.562 3	20.000 0	0.626 6	0.042 4	2.428 8
麦夸尔特法	544.961 6	0.569 1	57.614 9	1.311 0	0.196 6	11.002 0
优选回归法	59.369 4	0.569 1	40.495 2	0.871 5	0.022 0	1.299 1

　　从上述表格可以看出,对于海河闸站年最大值法的计算结果,3 种拟合方法的最终误差都满足规范要求,加速遗传法计算结果误差最小;对于海河闸站年多个样法的计算结果,除麦夸尔特法外,其余两种拟合方法的最终误差都满足规范要求,优选回归法的计算结果误差最小。

　　3)九王庄站

表 4-14　九王庄站暴雨强度公式计算结果(年最大值法)

计算方法	A_1	c	b	n	绝对误差	相对误差(%)
加速遗传法	18.165 9	0.758 9	13.214 8	0.784 9	0.027 3	1.780 7
麦夸尔特法	17.662 6	0.763 9	12.920 2	0.780 1	0.027 7	1.779 1
优选回归法	17.893 1	0.763 9	13.063 0	0.782 6	0.027 6	1.777 8

表 4-15　九王庄站暴雨强度公式计算结果(年多个样法)

计算方法	A_1	c	b	n	绝对误差	相对误差(%)
加速遗传法	19.591 1	0.533 4	20.000 0	0.688 7	0.020 3	1.453 3
麦夸尔特法	166.932 1	0.539 1	35.205 5	1.139 2	0.245 2	15.038 3
优选回归法	22.559 7	0.539 0	21.967 6	0.717 4	0.020 3	1.386 0

　　从上述表格可以看出,对于九王庄站年最大值法的计算结果,3 种拟合方法的最终误差都满足规范要求,加速遗传法计算结果绝对误差最小;对于九王庄站年多个样法的计算结果,除麦夸尔特法外,其余两种拟合方法的最终误差都满足规范要求,优选回归法与加速遗传法计算结果的绝对误差相同,但其计算结果的相对误差最小。

　　4)于桥水库站

表 4-16　于桥水库站暴雨强度公式计算结果(年最大值法)

计算方法	A_1	c	b	n	绝对误差	相对误差(%)
加速遗传法	15.467 9	0.778 0	13.752 1	0.767 7	0.024 0	1.725 8
麦夸尔特法	15.589 8	0.791 4	13.840 7	0.771 3	0.024 6	1.720 1
优选回归法	15.365 6	0.791 4	13.720 6	0.768 2	0.024 6	1.724 1

表 4-17　于桥水库站暴雨强度公式计算结果(年多个样法)

计算方法	A_1	c	b	n	绝对误差	相对误差(%)
加速遗传法	13.995 51	0.540 5	19.999 9	0.625 6	0.027 3	2.048 2
麦夸尔特法	116.926 1	0.557 4	36.819 6	1.071 5	0.206 5	13.455 0
优选回归法	22.511 7	0.557 4	27.591 7	0.720 0	0.032 3	2.221 8

　　从上述表格可以看出,对于于桥水库站年最大值法的计算结果,3 种拟合方法的最终误

差都满足规范要求,加速遗传法计算结果绝对误差最小;对于于桥水库站年多个样法的计算结果,除麦夸尔特法外,其余两种拟合方法的最终误差都满足规范要求,加速遗传法的计算结果误差最小。

根据误差最小的原则,各代表站的拟合公式见表 4-18。

表 4-18　各代表站暴雨强度公式

序号	站名	A_1	c	b	n	绝对误差	相对误差(%)
1	耳闸站(年最大值法)	12.818 3	0.756 2	9.609 3	0.689 3	0.033 3	2.005 2
	耳闸站(年多个样法)	42.926 2	0.611 3	32.830 2	0.808 1	0.031 0	1.696 7
2	海河闸站(年最大值法)	16.333 0	0.767 2	13.475 7	0.738 6	0.033 0	2.056 5
	海河闸站(年多个样法)	59.369 4	0.569 1	40.495 2	0.871 5	0.022 0	1.299 1
3	九王庄站(年最大值法)	18.165 9	0.758 9	13.214 8	0.784 9	0.027 3	1.780 7
	九王庄站(年多个样法)	22.559 7	0.539 0	21.967 6	0.717 4	0.020 3	1.386 0
4	于桥水库站(年最大值法)	15.467 9	0.778 0	13.752 1	0.767 7	0.024 0	1.725 8
	于桥水库站(年多个样法)	13.995 51	0.540 5	19.999 9	0.625 6	0.027 3	2.048 2

4.5.2　暴雨强度公式推荐

根据《室外排水设计规范》(GB 50014—2006,2016 版),年多个样法适用于具有 10 年以上自动雨量记录的地区;年最大值法适用于具有 20 年以上雨量记录的地区,有条件的地区可用 30 年以上的雨量系列。根据前面分析成果,本次计算采用 39 年资料系列,年最大值法成果与原公式有较稳定的差别,较优于年多个样法,故推荐使用年最大值法推求公式,各代表站暴雨强度公式如下。

耳闸站:
$$i = \frac{12.818\,3(1+0.756\,2\lg T)}{(t+9.609\,3)^{0.689\,3}} \tag{4-25}$$

海河闸站:
$$i = \frac{16.333\,0(1+0.767\,2\lg T)}{(t+13.475\,7)^{0.738\,6}} \tag{4-26}$$

九王庄站:
$$i = \frac{18.165\,9(1+0.758\,9\lg T)}{(t+13.214\,8)^{0.784\,9}} \tag{4-27}$$

于桥水库站:
$$i = \frac{15.467\,9(1+0.778\,0\lg T)}{(t+13.752\,1)^{0.767\,7}} \tag{4-28}$$

4.5.3　暴雨强度公式比较与分析

4.5.3.1　原公式与年最大值法和年多个样法公式比较

以耳闸站年最大值和年多个样公式计算得到的 *i-t-T* 值为基础与原公式进行比较,绘制 5、10、15、20、30、45、60、90、120、180 min,共 10 个短历时暴雨资料条件重现期(2、3、5、10、20、50、100 年)– 设计暴雨强度曲线,如图 4-13 至图 4-22 所示。

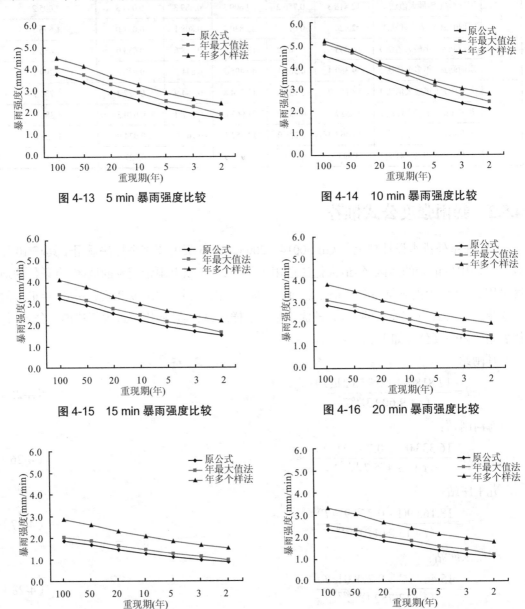

图 4-13　5 min 暴雨强度比较　　　　　图 4-14　10 min 暴雨强度比较

图 4-15　15 min 暴雨强度比较　　　　　图 4-16　20 min 暴雨强度比较

图 4-17　30 min 暴雨强度比较　　　　　图 4-18　45 min 暴雨强度比较

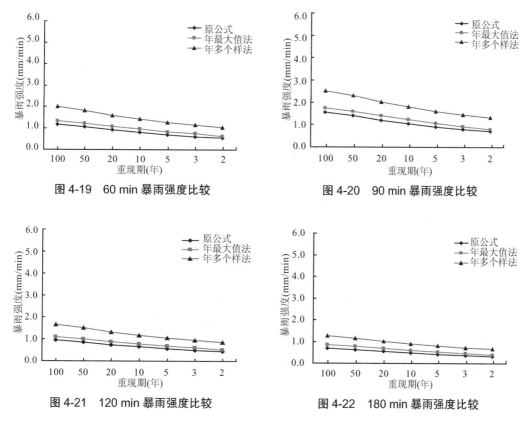

图 4-19 60 min 暴雨强度比较   图 4-20 90 min 暴雨强度比较

图 4-21 120 min 暴雨强度比较   图 4-22 180 min 暴雨强度比较

对比图 4-13 至图 4-22,分析如下。

（1）年最大值法和年多个样法公式得出的暴雨强度均大于原公式所得暴雨强度,说明样本的增加补充了区域暴雨的特性,完善了区域暴雨特征样本,使得暴雨特征分析计算结果更接近区域暴雨特征真值。

（2）年最大值法公式得出的不同时段暴雨强度与原公式所得暴雨强度的差比较稳定,说明系列的延长和样本的补充较好地反映了区域的暴雨特征。

（3）年多个样法公式与原公式所得暴雨强度的差别表现得不很稳定,随着时段的变化而变化,这和样本的选样方法有关,导致样本失去独立性、可靠性、真实性。

（4）年多个样法结果均大于年最大值法,这和年多个样法的选样方法有关。对于相同的长系列降水样本,如本次暴雨强度公式修编选用的 39 年降水系列,年多个样法选取大值样本而舍去小值样本作为计算的基础,本身就会使计算结果偏大。

4.5.3.2 年多个样法长短系列计算结果分析

对于年多个样法,采用耳闸站 1974—1983 年、1984—1993 年、1994—2003 年、2004—2012 年 4 段 10 年资料,和 1974—1988 年的 1 段 15 年资料,进行年多个样法公式的推求。原公式、年最大值法和年多个样法所得的暴雨强度平均值比较,如图 4-23 所示。

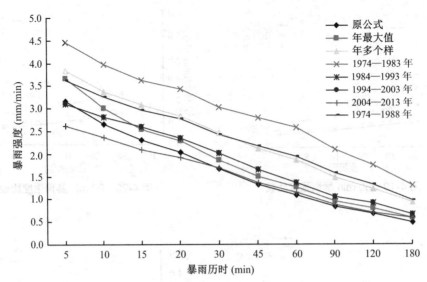

图 4-23　耳闸站不同取样方法所得不同历时暴雨强度均值比较

从图 4-23 可以看出,年多个样法成果和取样的时段长度有关。

(1)年多个样法在 10 年近系列(10 年以上或者接近 10 年)中,成果除丰水年的成果差异较大外,其他均表现为与年最大值法成果相近,且与原公式成果有较稳定差别。

(2)年多个样法系列越长成果越趋于偏大,当系列超过 15 年后,和 10 年丰水段接近。

以上两点充分说明以下内容。

(1)当资料系列不超过 15 年,年多个样法计算结果接近暴雨统计特征值。

(2)年多个样法系列越长,越偏离真值,当系列长度较短时(一般 10 年以上,接近 10 年),恐漏掉大值,故采用选总样本一半的大值进行计算,其成果基本接近统计特征值;当系列较长时(包含了丰、平、枯水年的样本)再取样本一半大值进行计算,其结果必然偏离真值而偏;当系列为 39 年时,其结果与 10 年丰水段设计成果接近,充分说明了这一问题。

4.5.3.3　新旧暴雨强度公式比较

目前,天津市在进行城市雨水排水系统的规划及设计时,所采用的暴雨强度公式是 20 世纪 80 年代初由天津市排水管理处采用图解法编制的,采用 1945—1981 年市区单站气象资料,其公式为

$$i = \frac{22.954\,1(1+0.85\lg p)}{(t+17)^{0.85}} \tag{4-29}$$

本次修订的以耳闸站为代表的天津市中心城区暴雨强度公式为

$$i = \frac{12.818\,3(1+0.756\,2\lg T)}{(t+9.609\,3)^{0.689\,3}} \tag{4-30}$$

天津市中心城区新旧暴雨强度公式参数比较见表 4-19,天津市中心城区新旧暴雨强度公式计算成果对比见表 4-20。

表 4-19　天津市中心城区新旧暴雨强度公式参数比较

分项	A_1	c	b	n
新公式	12.818 3	0.756 2	9.609 3	0.689 3
旧公式	22.954 0	0.850 0	17.000 0	0.850 0
差值	-10.135 7	-0.093 8	-7.390 7	-0.160 7

表 4-20　天津市中心城区新旧暴雨强度总公式计算成果对比表　　　　　　（mm/min）

重现期		5 min	10 min	15 min	20 min	30 min	45 min	60 min	90 min	120 min	180 min
2 年	新公式	2.381	1.923	1.629	1.47	1.193	0.955	0.805	0.611	0.497	0.371
	旧公式	2.083	1.750	1.515	1.339	1.093	0.864	0.718	0.543	0.440	0.323
	绝对误差	0.298	0.173	0.114	0.131	0.100	0.091	0.087	0.068	0.057	0.048
	相对误差(%)	14.3	9.9	7.5	9.8	9.1	10.5	12.1	12.5	13.0	14.9
3 年	新公式	2.737	2.22	1.881	1.698	1.377	1.102	0.959	0.705	0.577	0.445
	旧公式	2.332	1.959	1.696	1.499	1.223	0.966	0.804	0.608	0.493	0.362
	绝对误差	0.405	0.261	0.185	0.199	0.154	0.136	0.155	0.097	0.084	0.083
	相对误差(%)	17.4	13.3	10.9	13.3	12.6	14.1	19.3	16.0	17.0	22.9
5 年	新公式	3.130	2.550	2.161	1.950	1.582	1.266	1.068	0.810	0.665	0.497
	旧公式	2.644	2.222	1.923	1.700	1.387	1.096	0.912	0.689	0.559	0.410
	绝对误差	0.486	0.328	0.238	0.250	0.195	0.170	0.156	0.121	0.106	0.087
	相对误差(%)	18.4	14.8	12.4	14.7	14.1	15.5	17.1	17.6	19.0	21.2
10 年	新公式	3.614	2.957	2.506	2.261	1.834	1.468	1.238	0.940	0.775	0.579
	旧公式	3.069	2.579	2.232	1.973	1.610	1.272	1.058	0.800	0.648	0.476
	绝对误差	0.545	0.378	0.274	0.288	0.224	0.196	0.180	0.140	0.127	0.103
	相对误差(%)	17.8	14.7	12.3	14.6	13.9	15.4	17.0	17.5	19.6	21.6
20 年	新公式	4.064	3.337	2.828	2.552	2.070	1.657	1.398	1.060	0.878	0.656
	旧公式	3.493	2.935	2.541	2.246	1.832	1.448	1.204	0.911	0.738	0.542
	绝对误差	0.571	0.402	0.287	0.306	0.238	0.209	0.194	0.149	0.140	0.114
	相对误差(%)	16.3	13.7	11.3	13.6	13.0	14.4	16.1	16.4	19.0	21.0
50 年	新公式	4.627	3.814	3.232	2.917	2.366	1.894	1.597	1.212	1.007	0.752
	旧公式	4.054	3.407	2.949	2.606	2.127	1.681	1.398	1.057	0.857	0.629
	绝对误差	0.573	0.407	0.283	0.311	0.239	0.213	0.199	0.155	0.15	0.123
	相对误差(%)	14.1	11.9	9.6	11.9	11.2	12.7	14.2	14.7	17.5	19.6
100 年	新公式	5.037	4.162	3.527	3.182	2.582	2.067	1.743	1.322	1.101	0.823
	旧公式	4.479	3.763	3.257	2.879	2.349	1.857	1.544	1.168	0.946	0.695
	绝对误差	0.558	0.399	0.270	0.303	0.233	0.210	0.199	0.154	0.155	0.128
	相对误差(%)	12.5	10.6	8.3	10.5	9.9	11.3	12.9	13.2	16.4	18.4

从表 4-20 可以看出,新公式重现期对应的各个历时雨强均大于旧公式的雨强,平均增

幅为 14.5%。

4.5.4　暴雨强度区域分布分析

各分区代表站不同时段平均暴雨强度比较见表 4-21、图 4-26。

表 4-21　各代表站不同历时平均暴雨强度　　　　　　　　　　　　（mm/min）

分区	代表站	5 min	10 min	15 min	20 min	30 min	45 min	60 min	90 min	120 min	180 min
中心城区	原公式	3.1649	2.6593	2.3017	2.0345	1.6601	1.3119	1.0912	0.8250	0.6687	0.4911
	耳闸站	3.6548	2.9733	2.5258	2.2576	1.8420	1.4794	1.2534	0.9717	0.7977	0.6156
滨海区	海河闸站	3.4480	2.8989	2.4902	2.2168	1.8367	1.4743	1.2371	0.9967	0.7915	0.5863
平原区	九王庄站	3.3782	2.7808	2.3837	2.1017	1.7205	1.3623	1.1269	0.8480	0.7150	0.5288
山区	于桥水库站	2.9906	2.4772	2.1447	1.9184	1.5567	1.2384	1.0424	0.7989	0.6588	0.4973

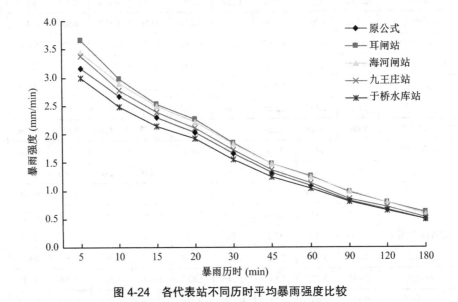

图 4-24　各代表站不同历时平均暴雨强度比较

从图 4-26 可以看出,耳闸站暴雨强度最大,其次为海河闸站,于桥水库站最小。与原公式比较,耳闸站和海河闸站数据都比原公式偏大,九王庄站与原公式最接近,于桥水库站与原公式比较偏小。

4.5.5　一年及以下暴雨强度

年最大值法选样的缺点是不能设计 1 年及以下暴雨强度。此次修编采用年多遇的资料系列,通过皮尔逊 -Ⅲ型频率适线,分析出 P=99.99% 的设计值作为一年多遇的设计值,即分别选取不同时段年第 2 大、第 3 大、第 4 大暴雨作为样本,分别形成系列,通过年第 2 大系列分析一年 2 遇,通过年第 3 大系列分析一年 3 遇,年第 4 大系列分析一年 4 遇统计特征,分别取 P=99.99% 的设计值作为一年多遇的设计值。

4.5.5.1　中心城区一年及以下暴雨强度分析

　　分别取耳闸站（1974—2012 年系列）规范规定的 10 个历时（5、10、15、20、30、45、60、90、120、180 min）的年第 2 大降雨量、第 3 大雨量、第 4 大雨量。每个系列进行皮尔逊 - Ⅲ 型频率适线，如图 4-25 至图 4-28 所示。

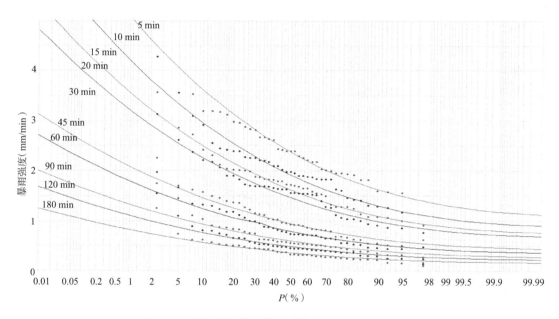

图 4-25　耳闸站年最大值系列暴雨强度频率强度适线图

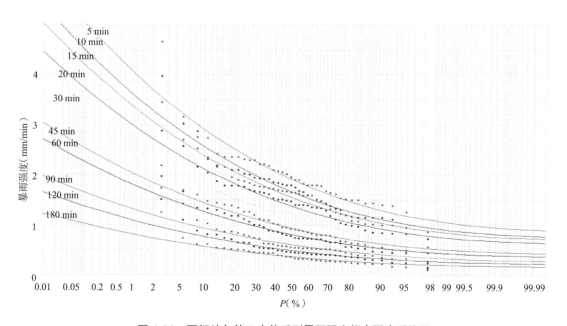

图 4-26　耳闸站年第 2 大值系列暴雨强度频率强度适线图

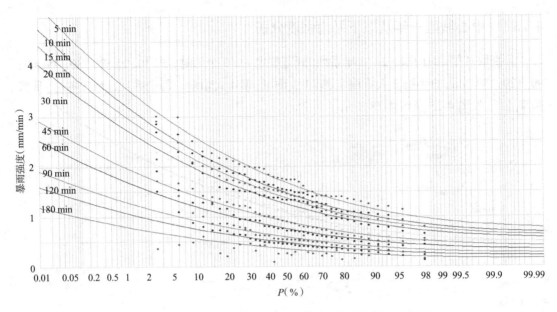

图 4-27　耳闸站年第 3 大值系列暴雨强度频率强度适线图

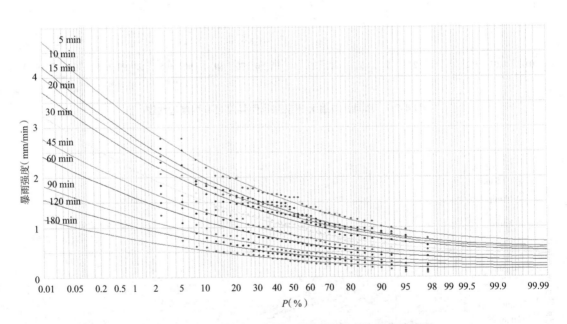

图 4-28　耳闸站年第 4 大值系列暴雨强度频率强度适线图

4.5.5.2　滨海区一年及以下暴雨强度分析

选用海河闸站 1974—2012 年资料系列,方法同中心城区,所得适线图如图 4-29 至图 4-32 所示。

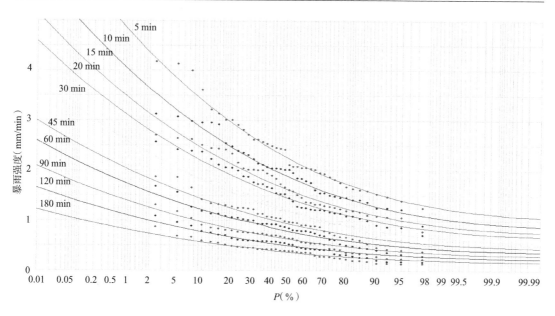

图 4-29　海河闸站年最大值系列暴雨强度频率强度适线图

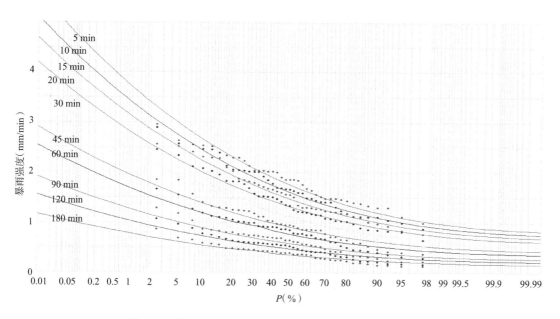

图 4-30　海河闸站年第 2 大值系列暴雨强度频率强度适线图

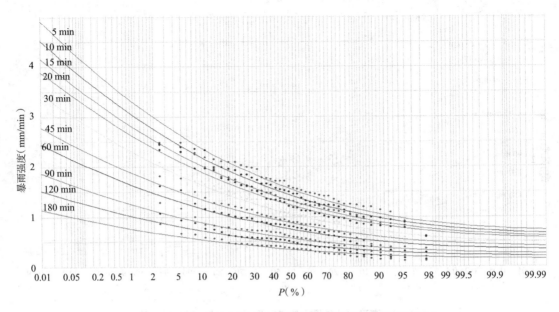

图 4-31　海河闸站年第 3 大值系列暴雨强度频率强度适线图

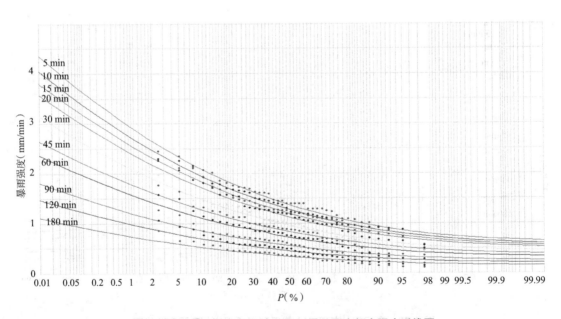

图 4-32　海河闸站年第 4 大值系列暴雨强度频率强度适线图

4.5.5.3　平原区一年及以下暴雨强度分析

选用九王庄站 1974—2012 年资料系列,方法同中心城区,所得适线图如图 4-33 至图 4-36 所示。

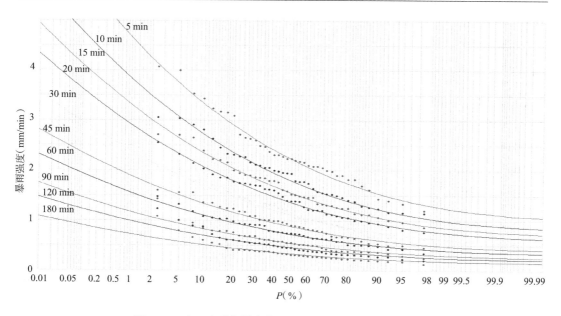

图 4-33 九王庄站年最大值系列暴雨强度频率强度适线图

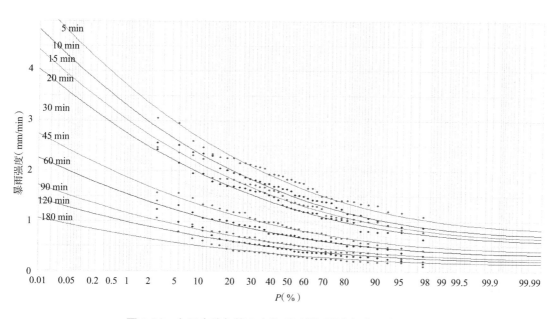

图 4-34 九王庄站年第 2 大值系列暴雨强度频率强度适线图

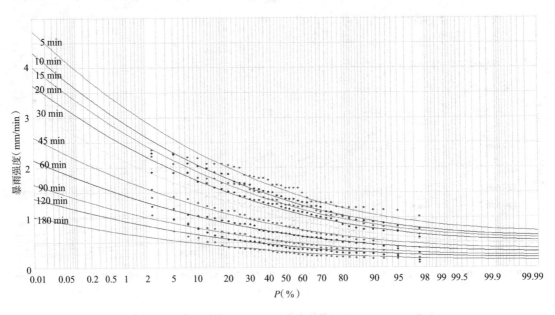

图4-35　九王庄站年第3大值系列暴雨强度频率强度适线图

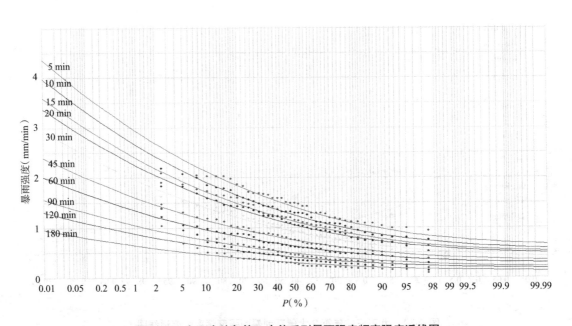

图4-36　九王庄站年第4大值系列暴雨强度频率强度适线图

4.5.5.4　山区一年及以下暴雨强度分析

选用于桥水库站1974—2012年资料系列,方法同中心城区,所得适线图如图4-37至图4-40所示。

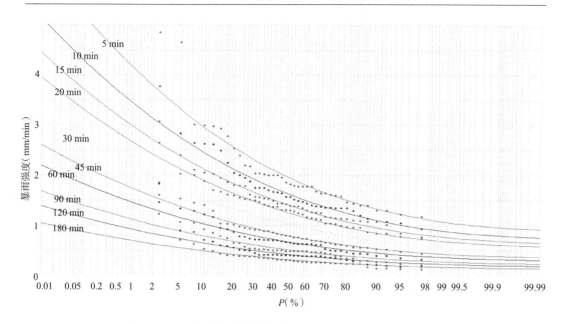

图 4-37　于桥水库站年最大值系列暴雨强度频率强度适线图

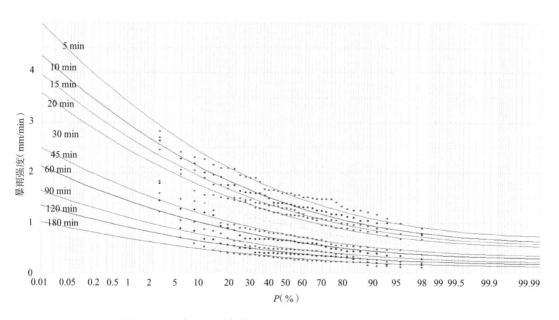

图 4-38　于桥水库站年第 2 大值系列暴雨强度频率强度适线图

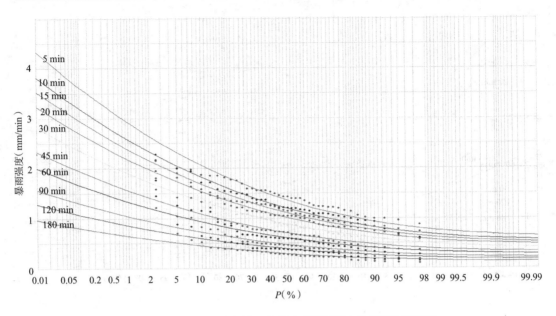

图 4-39　于桥水库站年第 3 大值系列暴雨强度频率强度适线图

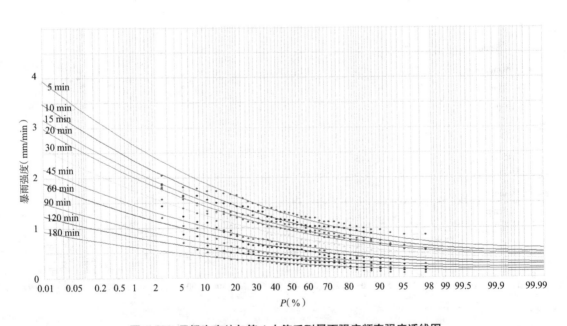

图 4-40　于桥水库站年第 4 大值系列暴雨强度频率强度适线图

4.6　设计暴雨雨型

暴雨雨型主要用于雨水系统的模拟计算,可以用来进行城市雨水系统规划方案的校核、抗洪涝评价及抗风险评估。

4.6.1　雨型推求方法选取

对 Pilgrim-Cordery 法、同频分析法，Keifer-Chu 法三种雨型推求方法比较分析，本次研究采用 Pilgrim-Cordery 法推求 60、120、180 min 3 种短历时的雨型，Pilgrim-Cordery 法推求的雨型能够反映对应短历时时段实际的降雨情况，可供设计校核过程和风险评价中作情景分析。

同频率中法选取降雨样本全面，推求的设计暴雨雨型具有在雨峰各时段的平均雨强与暴雨公式计算的平均雨强相等的特性，可方便应用于城市排水系统的管道设计。本次研究采用同频率分析法推求 24 h 设计暴雨雨型。

4.6.2　Pilgrim–Cordery 法推求雨型

4.6.2.1　中心城区设计暴雨时程分配

依据 Pilgrim-Cordery 法原理，将峰值放置在级序最大的位置上，结合各时段雨量级序和比例，分析得到与 180、120、60 min 的雨型分配比例对应的雨峰发生位置。一场降雨总量记为 P，第 i 时间降雨量记为 P_i。

1）60 min 设计暴雨雨型

中心城区 60 min 的设计暴雨雨型，峰型为单峰，峰时发生在第 6 时段，分配表见表 4-22，雨型示意图如图 4-41 所示，单位时段为 5 min。

表 4-22　中心城区 60 min 设计暴雨雨型

t(min)	5	10	15	20	25	30	35	40	45	50	55	60
P/P_i(%)	6.81	8.28	10.28	10.66	12.21	12.43	9.78	7.10	9.53	5.79	4.25	2.88

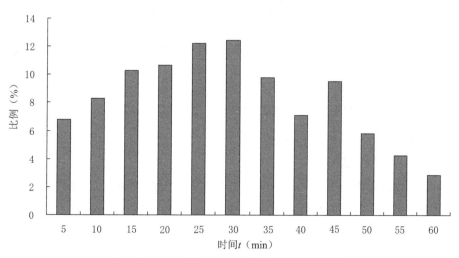

图 4-41　中心城区 60 min 设计暴雨雨型示意图

雨型图使用方法是将对应重现期下的设计雨量乘以雨型分配,即可以得到设计暴雨过程。例如,3 年一遇 60 min 设计降雨量为 57.6 mm,设计暴雨过程见表 4-23。

表 4-23　3 年重现期下,中心城区 60 min 设计暴雨过程

t(min)	5	10	15	20	25	30	35	40	45	50	55	60
P/P_i (%)	3.9	4.8	5.9	6.1	7.0	7.2	5.6	4.1	5.5	3.3	2.4	1.7

2)120 min 设计暴雨雨型

120 min 的设计暴雨雨型,峰型为双峰,主峰时发生在第 8 时段,次峰时在第 10 时段,分配表见表 4-24,雨型示意图如图 4-42 所示,单位时段为 5 min。

表 4-24　中心城区 120 min 设计暴雨雨型

t(min)	5	10	15	20	25	30	35	40	45	50	55	60
P/P_i (%)	3.11	2.93	3.90	4.84	5.78	5.57	5.10	6.70	5.79	6.30	5.42	5.09
t(min)	65	70	75	80	85	90	95	100	105	110	115	120
P/P_i (%)	4.05	4.76	3.73	3.22	2.29	3.43	3.9	3.2	3.17	2.89	2.73	2.1

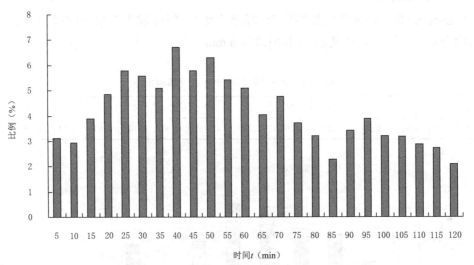

图 4-42　中心城区 120 min 设计暴雨雨型示意图

使用方法同 60 min 设计暴雨雨型。

3)180 min 设计暴雨雨型

180 min 的设计暴雨雨型,峰型为双峰,主峰时发生在第 17 时段,次峰时在第 7 时段,主峰靠后,分配表见表 4-25,雨型示意图如图 4-43 所示,单位时段为 5 min。

表 4-25　中心城区 180 min 设计暴雨雨型

t(min)	5	10	15	20	25	30	35	40	45	50	55	60
P/P_i(%)	1.38	2.01	2.82	3.40	2.80	4.34	4.42	4.27	4.12	3.69	3.75	3.25
t(min)	65	70	75	80	85	90	95	100	105	110	115	120
P/P_i(%)	3.74	2.87	2.50	4.43	4.49	3.00	2.44	1.91	2.10	2.48	2.54	2.42
t(min)	125	130	135	140	145	150	155	160	165	170	175	180
P/P_i(%)	3.11	2.56	2.95	2.07	2.65	2.34	2.27	1.56	1.82	1.57	1.10	0.86

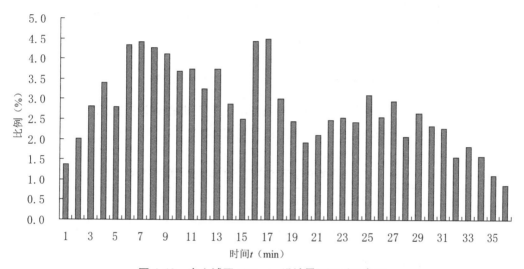

图 4-43　中心城区 180 min 设计暴雨雨型示意图

使用方法同 4.6.2.1 节中 60 min 设计暴雨雨型。

4.6.2.2　滨海区设计暴雨时程分配

依据 Pilgrim-Cordery 原理,将峰值放置在级序最大的位置上,结合各时段雨量级序和比例,分析得到与 180、120、60 min 的雨型分配比例对应的雨峰发生位置。

1)60 min 设计暴雨雨型

60 min 的设计暴雨雨型,峰型为双峰,峰时发生在第 4 时段,分配表见表 4-26,雨型示意图如图 4-44 所示,单位时段为 5 min。

表 4-26　滨海区 60 min 设计暴雨雨型

t(min)	5	10	15	20	25	30	35	40	45	50	55	60
P/P_i(%)	3.56	5.91	7.77	12.23	10.89	9.72	8.60	8.66	11.72	9.95	6.62	4.37

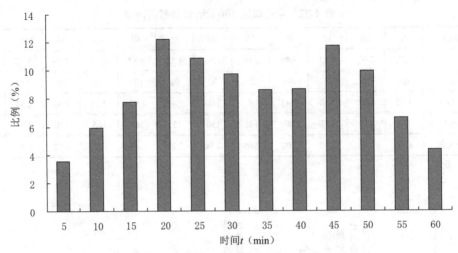

图 4-44 滨海区 60 min 设计暴雨雨型示意图

使用方法是将对应重现期下设计雨量乘以雨型分配,即得到设计暴雨过程。如 3 年一遇 60 min 设计降雨量为 56.5 mm,设计暴雨过程见表 4-27。

表 4-27 3 年重现期下,滨海区 60 min 设计暴雨过程

t(min)	5	10	15	20	25	30	35	40	45	50	55	60
P(mm)	2.0	3.3	4.4	6.9	6.2	5.5	4.9	4.9	6.6	5.6	3.7	2.5

2)120 min 设计暴雨雨型

120 min 的设计暴雨雨型,峰型为双峰,主峰时发生在第 6 时段,次峰时在第 9 时段,分配表见表 4-28,雨型示意图如图 4-45 所示,单位时段为 5 min。

表 4-28 滨海区 120 min 设计暴雨雨型

t(min)	5	10	15	20	25	30	35	40	45	50	55	60
P/P_i(%)	2.29	3.89	4.49	3.71	7.30	7.87	6.18	6.09	7.53	6.78	5.34	5.11
t(min)	65	70	75	80	85	90	95	100	105	110	115	120
P/P_i(%)	4.09	3.73	3	3.74	2.43	2.84	3.03	2.62	2.68	2.1	1.75	1.42

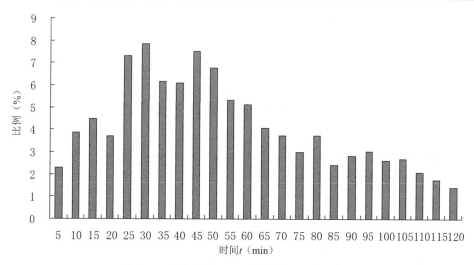

图 4-45 滨海区 120 min 设计暴雨雨型示意图

使用方法同 4.6.2.2 节中 60 min 设计暴雨雨型。

3）180 min 设计暴雨雨型

180 min 的设计暴雨雨型，峰型为双峰，主峰时发生在第 7 时段，次峰时在第 5 时段，主峰靠后，分配表见表 4-29，雨型示意图如图 4-46 所示，单位时段为 5 min。

表 4-29 滨海区 180 min 设计暴雨雨型

t(min)	5	10	15	20	25	30	35	40	45	50	55	60
P/P_i(%)	1.26	1.79	2.43	3.15	6.32	4.18	6.62	5.78	3.49	3.39	2.55	3.20
t(min)	65	70	75	80	85	90	95	100	105	110	115	120
P/P_i(%)	5.89	4.47	3.37	2.81	3.18	2.87	3.66	2.81	2.11	2.06	2.10	2.40
t(min)	125	130	135	140	145	150	155	160	165	170	175	180
P/P_i(%)	2.04	1.53	1.55	0.96	1.11	1.77	2.08	2.00	1.94	1.19	1.01	0.95

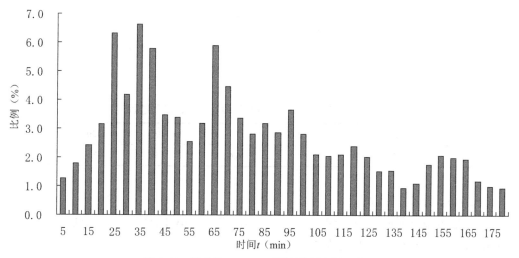

图 4-46 滨海区 180 min 设计暴雨雨型示意图

使用方法同 4.6.2.2 节中 60 min 设计暴雨雨型。

4.6.2.3　平原区设计暴雨时程分配

依据 Pilgrim-Cordery 原理,将峰值放置在级序最大的位置上,结合各时段雨量级序和比例,分析得到与 180、120、60 min 的雨型分配比例对应的雨峰发生位置。

1)60 min 设计暴雨雨型

60 min 的设计暴雨雨型,峰型为单峰,峰时发生在第 5 时段,分配表见表 4-30,雨型示意图如图 4-47 所示,单位时段为 5 min。

表 4-30　平原区 60 min 设计暴雨雨型

t(min)	5	10	15	20	25	30	35	40	45	50	55	60
P/P_i(%)	7.21	10.02	11.56	11.43	14.54	8.76	8.74	8.61	6.30	4.54	4.10	4.19

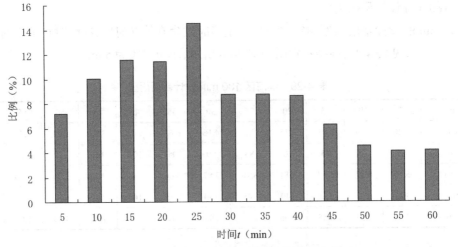

图 4-47　平原区 60 min 设计暴雨雨型示意图

使用方法是将对应重现期下设计雨量乘以雨型分配,即可得到设计暴雨过程。例如,3 年一遇 60 min 设计降雨量为 56.5 mm,设计暴雨过程见表 4-31。

表 4-31　3 年重现期下,平原区 60 min 设计暴雨过程

t(min)	5	10	15	20	25	30	35	40	45	50	55	60
P(mm)	3.8	5.2	6.0	6.0	7.6	4.6	4.6	4.5	3.3	2.4	2.1	2.2

2)120 min 设计暴雨雨型

120 min 的设计暴雨雨型,峰型为多峰,主峰时发生在第 4 时段,分配表见表 4-32,雨型示意图如图 4-48 所示,单位时段为 5 min。

表 4-32　平原区 120 min 设计暴雨雨型

t(min)	5	10	15	20	25	30	35	40	45	50	55	60
P/P_i(%)	3.45	5.74	5.32	6.20	5.92	6.15	5.82	4.24	4.41	5.68	4.16	4.09
t(min)	65	70	75	80	85	90	95	100	105	110	115	120
P/P_i(%)	3.73	3.68	3.68	4.23	3.14	3.79	3.28	3.19	3.11	3.42	2.39	1.5

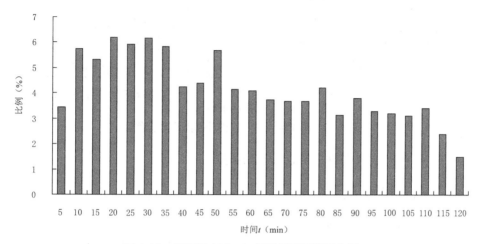

图 4-48　平原区 120 min 设计暴雨雨型示意图

使用方法同 4.6.2.3 节中 60 min 设计暴雨雨型。

3)180 min 设计暴雨雨型

180 min 的设计暴雨雨型,峰型为双峰,主峰时发生在第 8 时段,次峰时在第 10 时段,主峰靠前,分配表见表 4-33,雨型示意图如图 4-49 所示,单位时段为 5 min。

表 4-33　平原区 180 min 设计暴雨雨型

t(min)	5	10	15	20	25	30	35	40	45	50	55	60
P/P_i(%)	2.26	2.88	4.69	4.74	3.83	3.03	4.74	6.14	4.18	5.85	4.77	3.76
t(min)	65	70	75	80	85	90	95	100	105	110	115	120
P/P_i(%)	2.87	2.04	2.55	3.33	2.95	3.78	3.38	2.55	2.60	1.73	1.92	1.93
t(min)	125	130	135	140	145	150	155	160	165	170	175	180
P/P_i(%)	2.03	1.66	2.24	1.87	1.40	1.39	1.50	1.38	1.31	1.16	0.94	0.94

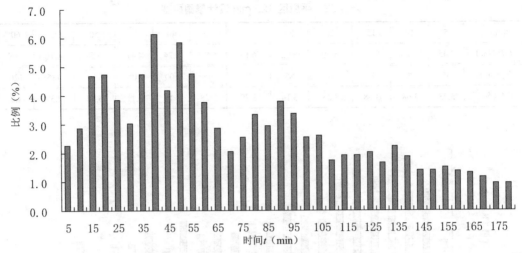

图 4-49　平原区 180 min 设计暴雨雨型示意图

使用方法同 4.6.2.3 节中 60 min 设计暴雨雨型。

4.6.2.4　山区设计暴雨时程分配

依据 Pilgrim-Cordery 原理,将峰值放置在级序最大的位置上,结合各时段雨量级序和比例,分析得到与 180、120、60 min 雨型分配比例对应的雨峰发生位置。

1)60 min 设计暴雨雨型

60 min 设计暴雨雨型,峰型为多峰,最大峰时发生在第 7 时段,分配表见表 4-34,雨型示意图如图 4-50 所示,单位时段为 5 min。

表 4-34　山区 60 min 设计暴雨雨型

t(min)	5	10	15	20	25	30	35	40	45	50	55	60
P/P_i(%)	6.67	9.58	8.90	9.49	10.09	8.90	10.16	9.62	7.33	8.18	6.24	5.06

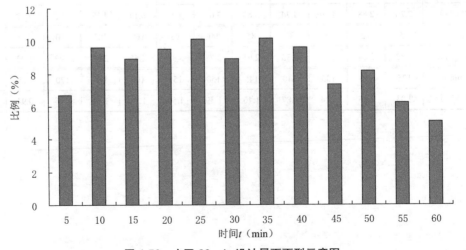

图 4-50　山区 60 min 设计暴雨雨型示意图

使用方法是将对应重现期下设计雨量乘以雨型分配,即可得到设计暴雨过程。例如,3 年一遇 60 min 设计降雨量为 56.5 mm,设计暴雨过程见表 4-35。

表 4-35　3 年重现期下,山区 60 min 设计暴雨过程

t(min)	5	10	15	20	25	30	35	40	45	50	55	60
P(mm)	3.1	4.4	4.1	4.4	4.7	4.1	4.7	4.5	3.4	3.8	2.9	2.3

2)120 min 设计暴雨雨型

120 min 的设计暴雨雨型,峰型为多峰,主峰时发生在第 7 时段,分配表见表 4-36,雨型示意图如图 4-51 所示,单位时段为 5 min。

表 4-36　山区 120 min 设计暴雨雨型

t(min)	5	10	15	20	25	30	35	40	45	50	55	60
P/P_i(%)	3.74	4.54	3.90	4.13	3.69	4.87	5.84	5.04	4.54	4.41	4.89	5.03
t(min)	65	70	75	80	85	90	95	100	105	110	115	120
P/P_i(%)	4.55	5.67	4.3	3.43	4.2	4.42	3.94	3.16	4.16	3.1	2.27	2.27

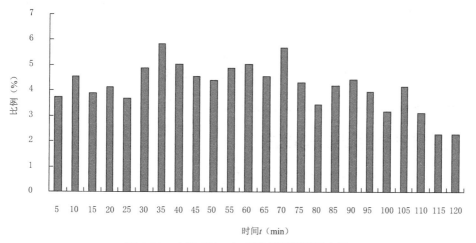

图 4-51　山区 120 min 设计暴雨雨型示意图

使用方法同 4.6.2.4 节中 60 min 设计暴雨雨型。

3)180 min 设计暴雨雨型

180 min 的设计暴雨雨型,峰型为多峰,主峰时发生在第 14 时段,分配表见表 4-37,雨型示意图如图 4-52 所示,单位时段为 5 min。

表 4-37　山区 180 min 设计暴雨雨型

t(min)	5	10	15	20	25	30	35	40	45	50	55	60
P/P_i(%)	2.24	2.45	2.93	3.00	3.00	3.59	4.00	3.40	3.58	3.14	3.75	3.75
t(min)	65	70	75	80	85	90	95	100	105	110	115	120
P/P_i(%)	4.00	5.01	3.26	4.61	3.66	3.14	4.30	2.76	3.00	3.52	2.42	2.33
t(min)	125	130	135	140	145	150	155	160	165	170	175	180
P/P_i(%)	2.20	2.37	1.95	1.56	1.95	1.37	2.19	1.62	1.62	1.31	0.75	0.63

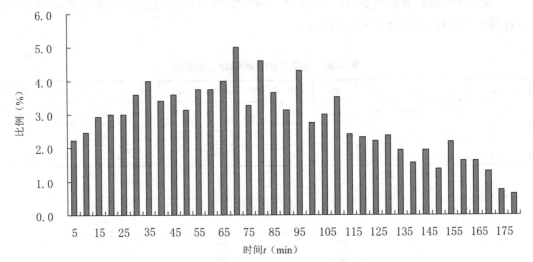

图 4-52　山区 180 min 设计暴雨雨型示意图

使用方法同 4.6.2.4 节中 60 min 设计暴雨雨型。

4.6.3　同频率分析法推求雨型

采用同频率法推求天津市 24 h 的设计雨型。

4.6.3.1　代表站选择及资料选取

1）代表站的选择。

代表站选择应遵循以下两个原则，一是在区域内具有一定的代表性，能代表区域的降水特点；二是具有足够长的暴雨观测资料系列，从数理统计角度看，样本系列越长，推求的统计参数越接近总体的统计参数。

九王庄站地处北部山前平原区，降水既受气候因素的影响，同时也受地形条件影响，以其作为山区及平原区代表站。耳闸站地处天津市中心，降水受城市热岛影响明显，以其作为中心城区和滨海新区代表站。两个代表站建站较早，历史上多次发生大暴雨，具有完整的暴雨观测资料。

2)资料的选取

资料选取采用年最大值法,从实测降水资料中每年选取年最大时段雨量作为样本形成系列。九王庄站降水系列为 1950—2012 年,耳闸站降水系列为 1962—2012 年。

4.6.3.2　设计暴雨时程分配

同频率控制典型放大法,亦称"长包短"法,是推求设计暴雨雨型较为成熟的方法,其特点为在同一重现期水平下,以时段雨量作为控制,进行雨量分配。

1)时段控制雨量确定

选用 1、3、6、9、12、24 h 作为暴雨时程分配控制时段,时段控制雨量采用实测多年算数平均值,见表 4-38。

表 4-38　时段控制雨量

雨量站参数		1 h	3 h	6 h	9 h	12 h	24 h
九王庄站	雨量(mm)	43.9	63.6	81.7	85.1	93.0	108.2
	占 24 h(%)	40.57	58.78	75.51	78.65	85.95	100
耳闸站	雨量(mm)	48.3	66.0	76.6	84.1	88.9	102.0
	占 24 h(%)	47.35	67.32	64.71	82.45	87.16	100

2)典型暴雨选取

典型暴雨选取原则为首先要考虑所选典型暴雨具有代表性,其次还要考虑对工程是不利的。从代表性的角度应尽量选择与设计时段雨量相近的暴雨,从对工程不利的角度应尽量考虑暴雨量较大且相对集中的暴雨。因此,九王庄站选择了 1975、1977、1978、1979、1980、1984、1988、1992、1994、1996、2012 年发生的共 11 场暴雨作为典型暴雨,耳闸站选取了 1962、1966、1967、1973、1975、1976、1977、1978、1982、1983、1984、1986、1987、1991、1994、1995、1996、2005、2009、2012 年发生的共 20 场暴雨。

3)控制时段位置确定

以 1 h 为步长,确定各场次的典型暴雨过程,以小时为单位计算典型暴雨时段平均值,作为设计雨型形状,见表 4-39。

表 4-39　典型暴雨时段平均雨量　　　　　　　　　　　　（ mm ）

雨量站	1 h	2 h	3 h	4 h	5 h	6 h	7 h	8 h	9 h	10 h	11 h	12 h
九王庄站	1.2	0.6	1.6	5.3	5.1	11.3	43.9	8.4	7.7	2.6	2.9	2.4
耳闸站	8.0	9.7	48.3	4.6	3.5	2.5	2.8	3.0	1.7	0.9	1.5	2.4
雨量站	13 h	14 h	15 h	16 h	17 h	18 h	19 h	20 h	21 h	22 h	23 h	24 h
九王庄站	0.9	1.5	1.4	3.2	2.5	1.7	1.1	0.4	0.8	1.2	0.4	0.1
耳闸站	0.9	0.9	0.7	0.8	0.9	0.9	0.9	2.1	1.0	0.8	1.2	2.0

以每小时为起点,分别计算 3、6、9、12、24 h 暴雨量,从中找出一个最大值,确定为各控制时段暴雨发生位置。

九王庄站最大 1 h 暴雨发生在第 7 h,3 h 暴雨发生在第 6~8 h,6 h 暴雨发生在第 4~9 h,9 h 暴雨发生在第 1~9 h,12 h 暴雨发生在第 1~12 h,如图 4-53 所示。

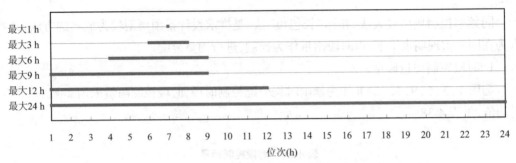

图 4-53 九王庄站控制时段暴雨位置

耳闸站 1 h 暴雨发生在第 3 h,3 h 暴雨发生在第 1~3 h,6 h 暴雨发生在第 1~6 h,9 h 暴雨发生在第 1~9 h,12 h 暴雨发生在第 1~12 h,如图 4-54 所示。

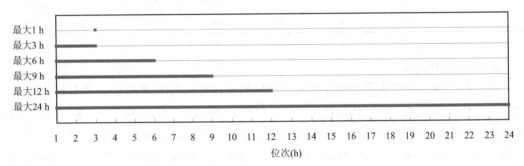

图 4-54 耳闸站控制时段暴雨位置

4)控制时段雨量分配比例确定

根据控制时段所在位置,对暴雨进行时程分配,对于上一控制时段控制区以外的时段雨量按典型平均比例划分。

九王庄站最大 1 h 暴雨发生在第 7 h,分配比例为最大 1 h 控制雨量的 100%,$p_7=1$。

最大 3 h 暴雨发生在第 6~8 h,最大 1 h 以外暴雨发生在第 6 和第 8 h,分配比例为 $p_6=h_6/(h_6+h_8)$,$p_8=h_8/(h_6+h_8)$,式中 p_n 为第 n 小时雨量的分配比例;h_n 为第 n 小时雨量。

最大 6 h 暴雨发生在第 4~9 h,最大 3 h 以外暴雨发生在第 4 h、第 5 h、第 9 h,分配比例分别为 $p_4=h_4/(h_4+h_5+h_9)$,$p_5=h_5/(h_4+h_5+h_9)$,$p_9=h_9/(h_4+h_5+h_9)$。

最大 9 h 发生在第 1~9 h,最大 6 h 以外暴雨发生在第 1、2、3 h,分配比例分别为 $p_1=h_1/(h_1+h_2+h_3)$,$p_5=h_5/(h_4+h_5+h_9)$,$p_9=h_9/(h_4+h_5+h_9)$。

最大 12 h 暴雨发生在第 1~12 h,最大 9 h 以外暴雨发生在第 10 h、第 11 h、第 12 h,分配比例分别为 $p_{10}=h_{10}/(h_{10}+h_{11}+h_{12})$,$p_{11}=h_{11}/(h_{10}+h_{11}+h_{12})$,$p_{12}=h_{12}/(h_{10}+h_{11}+h_{12})$。

最大 24 h 暴雨同样按上述方法推算,最大 12 h 以外的第 13~24 h 分配比例,见表 4-40。同理,耳闸站各时段分配比例见表 4-41。

表 4-40　九王庄站各时段雨量所占比例

时程(h)	1 h	2 h	3 h	4 h	5 h	6 h	7 h	8 h	9 h	10 h	11 h	12 h
1	—	—	—	—	—	—	1	—	—	—	—	—
1~3	—	—	—	—	—	0.57	—	0.43	—	—	—	—
3~6	—	—	—	0.29	0.28	—	—	—	0.43	—	—	—
6~9	0.36	0.18	0.46	—	—	—	—	—	—	—	—	—
9~12	—	—	—	—	—	—	—	—	—	0.33	0.37	0.30
12~24	—	—	—	—	—	—	—	—	—	—	—	—
时程(h)	13 h	14 h	15 h	16 h	17 h	18 h	19 h	20 h	21 h	22 h	23 h	24 h
1	—	—	—	—	—	—	—	—	—	—	—	—
1~3	—	—	—	—	—	—	—	—	—	—	—	—
3~6	—	—	—	—	—	—	—	—	—	—	—	—
6~9	—	—	—	—	—	—	—	—	—	—	—	—
9~12	—	—	—	—	—	—	—	—	—	—	—	—
12~24	0.06	0.10	0.09	0.21	0.16	0.11	0.07	0.02	0.06	0.08	0.03	0.01

表 4-41　耳闸站各时段雨量所占比例

时程(h)	1 h	2 h	3 h	4 h	5 h	6 h	7 h	8 h	9 h	10 h	11 h	12 h
1	—	—	1	—	—	—	—	—	—	—	—	—
1~3	0.45	0.55	—	—	—	—	—	—	—	—	—	—
3~6	—	—	—	0.43	0.33	0.24	—	—	—	—	—	—
6~9	—	—	—	—	—	—	0.37	0.40	0.23	—	—	—
9~12	—	—	—	—	—	—	—	—	—	0.18	0.32	0.50
12~24	—	—	—	—	—	—	—	—	—	—	—	—
时程(h)	13 h	14 h	15 h	16 h	17 h	18 h	19 h	20 h	21 h	22 h	23 h	24 h
1	—	—	—	—	—	—	—	—	—	—	—	—
1~3	—	—	—	—	—	—	—	—	—	—	—	—
3~6	—	—	—	—	—	—	—	—	—	—	—	—
6~9	—	—	—	—	—	—	—	—	—	—	—	—
9~12	—	—	—	—	—	—	—	—	—	—	—	—
12~24	0.07	0.07	0.05	0.06	0.07	0.07	0.07	0.16	0.08	0.06	0.09	0.15

5)设计时段雨量计算

根据时段控制雨量以及控制时段内分配比例,对设计暴雨过程进行分配,九王庄站最大 1 h 暴雨发生在第 7 h,分配雨量为最大 1 h 控制雨量,$h_7=H_1$,H_n 表示最大 n 小时雨量。

最大 3 h 暴雨发生在第 6~8 h,分配的第 6 和第 8 h 雨量分别为 $h_6=p_6\times(H_3-H_1)$,$h_7=p_7\times(H_3-H_1)$。

最大 6 h 暴雨发生在第 4~9 h,分配的第 4 h、第 5 h、第 9 h 雨量分别为 $h_4=p_4\times(H_6-H_3)$,$h_5=p_5\times(H_6-H_3)$,$h_9=p_9\times(H_6-H_3)$。

以此类推,推求出各时段雨量,见表 4-42。

表 4-42　设计暴雨时段平均雨量　　　　　　　　　　　　　　　　　（mm）

雨量站	1 h	2 h	3 h	4 h	5 h	6 h	7 h	8 h	9 h	10 h	11 h	12 h
九王庄站	1.2	0.6	1.6	5.3	5.1	11.3	43.9	8.4	7.7	2.6	2.9	2.4
耳闸站	8.0	9.7	48.3	4.6	3.5	2.5	2.8	3.0	1.7	0.9	1.5	2.4
雨量站	13 h	14 h	15 h	16 h	17 h	18 h	19 h	20 h	21 h	22 h	23 h	24 h
九王庄站	0.9	1.5	1.4	3.2	2.5	1.7	1.1	0.4	0.8	1.2	0.4	0.1
耳闸站	0.9	0.9	0.7	0.8	0.9	0.9	0.9	2.1	1.0	0.8	1.2	2.0

6)设计雨型时程分配

根据典型暴雨时段平均雨量分布,计算各时雨量段占 24 h 雨量的百分比,确定为天津市 24 h 暴雨设计雨型,见表 4-43,图 4-55、图 4-56。

表 4-43　24 h 暴雨设计雨型时程分配　　　　　　　　　　　　　　（%）

雨量站	1 h	2 h	3 h	4 h	5 h	6 h	7 h	8 h	9 h	10 h	11 h	12 h
九王庄站	1.11	0.55	1.49	4.9	4.71	10.44	40.57	7.76	7.12	2.4	2.68	2.22
耳闸站	7.84	9.51	47.35	4.51	3.43	2.45	2.75	2.94	1.67	0.88	1.48	2.35
雨量站	13 h	14 h	15 h	16 h	17 h	18 h	19 h	20 h	21 h	22 h	23 h	24 h
九王庄站	0.83	1.39	1.29	2.96	2.31	1.57	1.02	0.37	0.74	1.11	0.37	0.09
耳闸站	0.88	0.88	0.69	0.78	0.88	0.88	0.88	2.07	0.98	0.78	1.18	1.96

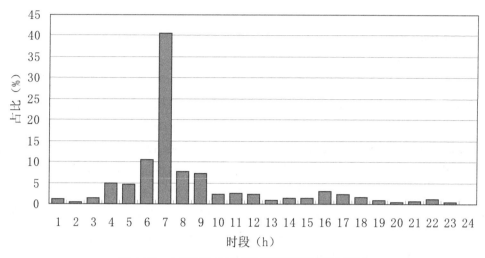

图 4-55　九王庄站 24 h 暴雨设计雨型时程分配图

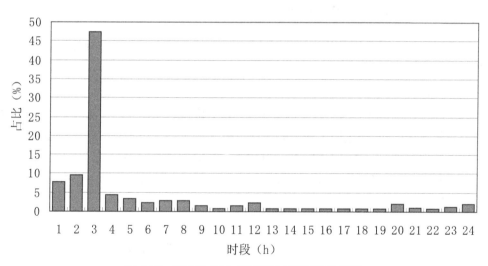

图 4-56　耳闸站 24 h 暴雨设计雨型时程分配图

4.6.3.3　不同重现期 24 h 暴雨设计值

根据实测 24 h 资料系列,分别对九王庄站、耳闸站进行频率分析,频率分析采用皮尔逊 -Ⅲ型曲线进行适线,均值采用算数平均值,偏态系数 C_s 与变差系数 C_v 采用固定倍比,即 $C_s=3.5C_v$,见表 4-44。

表 4-44　不同重现期 24 h 暴雨设计值

雨量站	均值	C_v	不同重现期雨量(mm)						
			2 年	3 年	5 年	10 年	20 年	50 年	100 年
九王庄沾	108.2	0.50	93.3	116.0	143.4	179.6	215.1	261.3	295.9
耳闸站	102.0	0.48	89.0	109.7	134.4	166.8	198.4	239.4	270.0

4.7　暴雨图集

我国大多数河流的洪水都是由暴雨形成的,通过暴雨分析推求设计暴雨,再通过产汇流计算推求设计洪水,是常用的方法。主要考虑到:①我国站网观测尚不发达,水文站网密度与发达国家相比仍有不小距离,造成流量资料缺乏或不足的情况,无法根据流量资料推求设计洪水;②有些地方虽有流量资料,但由于近几十年来人类活动对水文过程的影响很大,大量水利工程和水土保持工程的兴建使流量资料系列的一致性遭到不同程度的破坏,成了新的无资料地区。暴雨统计参数(均值、变差系数、偏态系数)等值线图是根据各单站点暴雨频率计算成果,即经过代表性分析、插补展延、图解适线等程序得出的统计参数值,点绘在地形图上制作而成的。暴雨统计参数等值线图可为缺少或无水文资料地区的设计洪水计算提供技术支撑,也可为有水文资料地区的设计暴雨参数合理性检验提供依据。

4.7.1　暴雨资料的收集、审核

此次暴雨参数等值线图集修编仍采用时段 10 min、30 min、60 min、3 h、6 h、12 h、24 h、3 d、7 d 共 9 种历时。

1)站点选择

以最大覆盖面为原则,选用天津市水文部门所有降水观测站点的实测资料,为勾绘等值线图,控制等值线走向,还选用了部分界外周边的河北省、北京市所属降水观测站的实测资料,共计选用站点 63 个,其中天津市境内站点 50 个,境外站点 13 个。

受到资料的限制,各时段选用站个数有所不同,长历时选用站点多于短历时,境内最大站网密度为 238.4 千米 ²/ 站。

2)资料选取

资料统计取样以国家水文资料数据库为基础,对个别遗漏的以水文年鉴作为补充。统计抽样采用年最大值法,将资料系列由 1998 年延长至 2013 年,形成开始有观测资料的计算数据系列,见表 4-45。

表 4-45　各站各时段选用资料系列年数　　　　　　　　　　　　　　　　(年)

序号	站名	10 min	30 min	60 min	3 h	6 h	12 h	24 h	3 d	7 d
1	坝台	—	—	39	42	52	53	53	60	60
2	邦均	—	—	—	—	47	47	47	47	47
3	板桥	—	—	35	40	48	48	48	48	48
4	宝坻	—	—	21	21	21	21	21	50	50
5	北昌	35	—	40	—	42	—	42	51	—
6	北里自古	37	37	46	48	57	57	57	60	60
7	表口	—	—	40	41	45	46	46	51	51

序号	站名	10 min	30 min	60 min	3 h	6 h	12 h	24 h	3 d	7 d
8	别古庄	—	—	30	—	37	—	37	53	—
9	蔡公庄	—	—	19	28	43	43	43	47	47
10	蔡家堡	—	—	19	17	36	37	38	48	48
11	大白庄	—	—	25	32	45	45	45	48	48
12	大丰堆	—	—	41	46	55	55	55	60	58
13	大口屯	—	—	38	39	48	48	48	53	53
14	大寺	—	—	39	39	48	48	48	48	48
15	大庄子	—	—	43	44	49	49	49	50	50
16	第六堡	41	46	52	54	55	55	55	55	55
17	调节闸	—	—	38	38	40	40	40	40	40
18	东堤头	40	41	42	42	42	42	42	42	42
19	东子牙	—	—	39	43	48	48	48	51	51
20	耳闸	40	47	51	51	51	51	51	52	52
21	凤河营	34	34	34	34	34	34	34	34	34
22	工农兵	39	39	39	40	42	42	42	42	42
23	海河闸	42	43	49	52	53	53	53	54	54
24	海子水库	36	36	47	52	53	53	53	53	53
25	黑狼口	—	—	51	51	51	51	51	51	51
26	黄花店	—	—	39	42	48	48	48	48	48
27	黄崖关	35	35	36	47	48	48	48	49	49
28	金钟河	38	38	38	38	39	39	39	40	40
29	静海	—	—	28	29	30	31	31	56	56
30	九王庄	41	46	62	63	63	63	63	78	78
31	九宣闸	40	46	72	78	79	80	80	81	81
32	筐儿港	41	46	55	58	59	59	59	59	59
33	李村	20	—	47	—	57	—	57	57	—
34	林亭口	—	—	32	32	35	36	36	36	36
35	龙门口	37	37	45	52	52	52	52	52	52
36	芦台镇	—	—	41	43	42	42	43	45	45
37	罗庄子	41	45	55	56	57	57	57	57	57
38	马兰峪	35	—	54	—	56	—	55	—	57
39	马圈	36	36	39	38	39	39	39	40	40
40	梅厂	—	—	38	41	48	48	48	51	51
41	南山岭	—	—	33	35	43	43	43	42	44
42	宁车沽	41	42	42	42	42	42	42	42	42
43	盘山	—	—	—	—	46	46	46	46	46

序号	站名	10 min	30 min	60 min	3 h	6 h	12 h	24 h	3 d	7 d
44	平谷	27	27	45	52	61	62	63	63	63
45	前毛庄	36	36	46	52	52	52	52	52	52
46	青县	—	—	46		56		56	56	—
47	屈家店	40	52	55	56	56	56	56	62	62
48	上仓	—	—	42	47	50	50	50	50	50
49	土门楼	31	—	58	—	52	—	60	74	—
50	万家码头	35	36	37	41	45	45	47	48	48
51	王庆坨	—	—	36	43	47	48	48	50	50
52	武清	—	—	44	45	55	56	57	62	62
53	下营	—	—	55	58	60	60	60	60	60
54	小站	—	—	31	37	45	45	45	47	47
55	新防潮闸	40	43	44	44	45	45	45	45	45
56	杨柳青	41	45	89	92	93	93	93	94	94
57	于桥	41	46	53	51	53	53	53	54	54
58	张彪庄	—	—	34	37	44	44	44	44	44
59	张头窝	—	—	57	59	58	60	60	60	60
60	三河	41	—	53	—	63	—	63	77	
61	文安	30	—	36		57	—	57	57	
62	南赵扶	31	—	47		57		57	57	
63	黄骅	—	—	46		56		56	56	

由资料选取结果看,绝大部分系列都在 30 年以上,最长达到 94 年,最短 20 年。

3）资料审核

从单站和区域两方面对实测资料进行审核,确保资料真实可靠。对选用站点进行考证,有迁址或更名的资料尽量合并使用;资料系列中间有间断时,查阅水文年鉴等资料分析原因,如有遗漏予以补充,确保资料的完整性;对系列中极大值对比以往图集资料,必要时查阅水文年鉴等资料予以确认。

对暴雨同历时、同发生时间的相邻站进行检查校核,发现疑值时查水文年鉴予以确认,对发生较大范围一次降水或降水强度较大的暴雨资料进行综合区域上的气象因素分析研究;对特殊的点极值进行同场次降水气象部门观测资料的调查核实。

4.7.2　暴雨统计参数的估算

4.7.2.1　统计参数的选择

频率曲线线型采用皮尔逊 -Ⅲ型曲线。每种历时估算 3 个参数:均值 $\overline{H}$,变差系数 C_v

偏态系数 C_s 与变差系数 C_v 的比值。根据以往编图经验,此次修编取 C_s/C_v=3.5。

4.7.2.2　统计参数的确定

1)极大值处理

单站系列遇有极大值的,选择最大 60 min、最大 24 h 和最大 7 d 暴雨作为控制,采用模比系数法进行重现期计算,确定极大值重现期(表 4-46 至 4-48),适线时予以参考,其他时段参照此控制时段趋势适线。

表 4-46　最大 60 min 重现期

站名	最大值(mm)	均值(mm)	C_v	模比系数	对应频率	重现期(年)
黑狼口	104.5	42.3	0.52	2.47	2.060	49
北里自沽	117.3	41.8	0.49	2.81	0.766	131
表口	68.0	34.9	0.46	1.95	4.458	22
宁车沽	86.8	46.4	0.46	1.87	5.412	18
大口屯	76.2	38.3	0.40	1.99	2.642	38
大白庄	85.0	38.2	0.42	2.23	1.583	63
黄崖关	78.0	41.4	0.38	1.88	3.129	32
下营	68.0	36.9	0.38	1.84	3.558	28
罗庄子	107.8	46.1	0.45	2.34	1.577	63
海子水库	93.5	42.6	0.44	2.19	2.127	47
平谷	86.2	38.6	0.43	2.23	1.747	57
三河	99.1	42.0	0.50	2.36	2.256	44
前毛庄	93.8	49.4	0.45	1.90	4.778	21
马兰峪	80.6	42.2	0.42	1.91	3.880	26
龙门口	83.2	41.9	0.45	1.99	3.818	26
于桥水库	109.8	42.5	0.48	2.58	1.170	85
上仓	71.8	38.5	0.42	1.86	4.453	22
九王庄	89.0	43.9	0.48	2.03	1.314	76
宝坻	60.3	39.7	0.31	1.52	6.569	15
林亭口	79.5	38.1	0.40	2.09	1.953	51
张头窝	73.8	38.0	0.31	1.94	1.065	94
板桥	70.0	40.0	0.35	1.75	3.756	27
张彪庄	89.0	44.0	0.34	2.02	1.212	83
芦台镇	89.2	36.4	0.45	2.45	1.191	84
新防潮闸	98.9	48.0	0.48	2.06	3.860	26
梅厂	103.1	41.6	0.50	2.48	1.741	57
东堤头	87.0	41.0	0.50	2.12	3.776	26

站名	最大值（mm）	均值（mm）	C_v	模比系数	对应频率	重现期（年）
南山岭	75.5	35.1	0.48	2.15	3.145	32
金钟河闸	88.0	45.6	0.50	1.93	5.661	18
土门楼	75.8	41.2	0.47	1.84	6.082	16
筐儿港	79.1	41.1	0.45	1.92	4.546	22
凤河营	69.8	43.0	0.40	1.62	7.843	13
武清	83.9	33.8	0.42	2.48	0.775	129
屈家店	127.3	40.0	0.44	3.18	0.149	671
耳闸	118.7	48.3	0.46	2.46	1.284	78
海河闸	101.4	48.0	0.44	2.11	2.622	38
别古庄	65.5	38.4	0.40	1.71	6.050	17
北昌	118.2	40.5	0.52	2.92	0.824	121
黄花店	107.3	40.3	0.42	2.66	0.460	217
王庆坨	79.9	39.4	0.42	2.03	2.780	36
文安	81.4	44.1	0.40	1.85	4.012	25
大寺	73.0	39.7	0.40	1.84	4.132	24
工农兵闸	116.5	51.1	0.46	2.28	2.001	50
南赵扶	66.2	40.4	0.40	1.64	7.406	14
东子牙	89.7	37.4	0.43	2.40	1.096	91
坝台	83.0	35.3	0.42	2.35	1.125	89
第六堡	82.0	39.0	0.40	2.10	1.894	53
杨柳青	86.5	34.9	0.48	2.48	1.474	68
黄骅	73.6	40.4	0.43	1.82	5.258	19
李村	98.0	42.5	0.46	2.31	1.859	54
青县	118.9	43.8	0.45	2.71	0.609	164
大庄子	81.0	39.2	0.46	2.07	3.341	30
九宣闸	102.5	39.1	0.45	2.62	0.769	130
马圈闸	73.5	41.1	0.45	1.79	6.269	16
万家码头	77.7	44.7	0.40	1.74	5.544	18
小站	101.0	44.7	0.38	2.26	0.895	112
蔡公庄	49.0	28.5	0.40	1.72	5.877	17
大丰堆	91.9	37.3	0.43	2.46	0.928	108
静海	73.5	41.3	0.39	1.78	4.621	22
调节闸	102.9	44.7	0.46	2.3	1.905	52

表 4-47　最大 24 h 重现期

站名	最大值（mm）	均值（mm）	C_v	模比系数	对应频率	重现期（年）
蔡家堡	232.0	88.4	0.48	2.62	1.066	94
黑狼口	448.8	98.0	0.55	4.58	0.048	2 083
北里自沽	297.6	99.6	0.47	2.99	0.394	254
表口	266.4	86.4	0.48	3.08	0.365	274
宁车沽	334.8	101.2	0.50	3.31	0.285	351
大口屯	343.3	93.2	0.58	3.68	0.371	270
大白庄	273.5	99.1	0.54	2.76	1.348	74
黄崖关	201.4	98.9	0.41	2.04	2.485	40
下营	294.4	105.8	0.4	2.78	0.228	439
罗庄子	302.3	108.6	0.48	2.78	0.735	136
海子水库	357.4	101.8	0.47	3.51	0.111	901
平谷	271.0	94.3	0.44	2.87	0.407	246
三河	372.1	98.9	0.55	3.76	0.225	444
盘山	197.0	91.8	0.40	2.15	1.625	62
邦均	185.6	92.2	0.42	2.01	2.940	34
前毛庄	364.7	117.6	0.48	3.10	0.348	287
马兰峪	311.2	116.7	0.49	2.67	1.050	95
龙门口	447.4	113.1	0.47	3.96	0.037	2 703
于桥水库	450.2	103.5	0.5	4.35	0.029	3 448
上仓	476.2	97.7	0.45	4.87	0.002	50 000
九王庄	462.5	108.2	0.50	4.27	0.034	2941
宝坻	154.5	73.3	0.37	2.11	1.306	77
林亭口	215.9	89.3	0.42	2.42	0.921	109
张头窝	239.2	92.2	0.32	2.59	0.067	1 493
板桥	306.1	95.3	0.48	3.21	0.269	372
张彪庄	221.0	92.6	0.36	2.39	0.409	244
芦台镇	250.2	89.7	0.47	2.79	0.639	156
新防潮闸	369.2	106.9	0.53	3.45	0.316	316
梅厂	281.7	93.6	0.50	3.01	0.551	181
东堤头	315.1	96.1	0.52	3.28	0.394	254
南山岭	303.4	94.4	0.49	3.21	0.311	322
金钟河闸	310.7	99.5	0.53	3.12	0.609	164
土门楼	339.1	99.8	0.50	3.40	0.234	427
筐儿港	259.7	92.2	0.47	2.82	0.595	168
凤河营	167.4	81.1	0.43	2.06	2.770	36
武清	249.1	95.8	0.44	2.60	0.716	140

续表

站名	最大值（mm）	均值（mm）	C_v	模比系数	对应频率	重现期（年）
屈家店	283.4	88.9	0.45	3.19	0.174	575
耳闸	291.9	102.0	0.48	2.86	0.610	164
海河闸	306.6	106.1	0.47	2.89	0.502	199
别古庄	245.7	90.2	0.48	2.72	0.845	118
北昌	239.2	93.7	0.54	2.55	2.015	50
黄花店	230.1	94.5	0.43	2.43	1.009	99
王庆坨	208.4	90.8	0.45	2.30	1.747	57
文安	197.0	84.5	0.38	2.33	0.707	141
大寺	250.5	90.4	0.44	2.77	0.454	220
工农兵闸	480.5	114.0	0.50	4.21	0.039	2 564
南赵扶	203.4	85.0	0.46	2.39	1.526	66
东子牙	299.5	86.9	0.46	3.45	0.107	935
坝台	187.3	90.4	0.47	2.07	3.557	28
第六堡	232.0	96.0	0.47	2.42	1.554	64
杨柳青	236.2	92.5	0.48	2.55	1.254	80
黄骅	298.3	95.9	0.49	3.11	0.389	257
李村	369.0	92.3	0.47	4.00	0.033	3030
青县	226.9	94.3	0.49	2.41	1.878	53
大庄子	200.1	94.2	0.51	2.12	3.979	25
九宣闸	216.9	90.9	0.46	2.39	1.526	66
马圈闸	220.1	92.2	0.47	2.39	1.669	60
万家码头	248.5	100.2	0.41	2.48	0.677	148
小站	377.0	101.9	0.40	3.70	0.011	9 091
蔡公庄	202.5	90.1	0.44	2.25	1.817	55
大丰堆	256.2	92.2	0.46	2.78	0.579	173
静海	169.5	92.3	0.43	1.84	4.988	20
调节闸	338.1	105.9	0.48	3.19	0.282	355

表 4-48　最大 7 d 重现期

站名	最大值（mm）	均值（mm）	C_v	模比系数	对应频率	重现期（年）
蔡家堡	388.5	140.0	0.50	2.78	0.909	110
黑狼口	550.3	143.1	0.55	3.85	0.190	526
北里自沽	330.6	142.7	0.45	2.32	1.660	60
表口	337.1	130.3	0.45	2.59	0.830	120
宁车沽	352.2	136.0	0.50	2.59	1.372	73

站名	最大值(mm)	均值(mm)	C_v	模比系数	对应频率	重现期(年)
大口屯	409.1	137.0	0.56	2.99	1.031	97
大白庄	416.3	142.0	0.52	2.93	0.807	124
黄崖关	414.4	158.1	0.42	2.62	0.517	193
下营	500.3	169.0	0.42	2.96	0.191	524
罗庄子	487.5	173.6	0.49	2.81	0.766	131
海子水库	449.3	155.8	0.48	2.88	0.582	172
平谷	366.0	147.0	0.43	2.49	0.854	117
盘山	275.9	142.9	0.40	1.93	3.163	32
邦均	293.5	140.7	0.41	2.09	2.149	47
前毛庄	397.0	166.7	0.48	2.38	1.857	54
于桥水库	570.2	154.6	0.50	3.69	0.124	806
上仓	596.4	149.2	0.46	4.00	0.025	4 000
九王庄	532.2	155.6	0.50	3.42	0.224	446
宝坻	431.4	144.3	0.50	2.99	0.575	174
林亭口	331.7	146.0	0.42	2.27	1.414	71
张头窝	280.4	137.2	0.34	2.04	1.120	89
板桥	314.8	140.6	0.45	2.24	2.034	49
张彪庄	281.8	142.4	0.38	1.98	2.262	44
芦台镇	346.1	130.7	0.47	2.65	0.896	112
新防潮闸	401.2	144.7	0.53	2.77	1.219	82
梅厂	374.2	139.8	0.51	2.68	1.235	81
东堤头	423.3	141.9	0.52	2.98	0.729	137
南山岭	314.0	133.7	0.50	2.35	2.305	43
金钟河闸	368.1	138.7	0.53	2.65	1.545	65
筐儿港	321.0	130.5	0.48	2.46	1.542	65
凤河营	269.5	123.8	0.43	2.18	2.002	50
武清	320.9	143.3	0.46	2.24	1.235	81
屈家店	347.6	131.0	0.45	2.65	0.712	140
耳闸	404.4	144.4	0.49	2.80	0.784	128
海河闸	397.7	146.6	0.48	2.71	0.866	115
黄花店	277.7	132.2	0.44	2.10	2.690	37
王庆坨	329.7	131.9	0.46	2.50	1.163	86
大寺	308.5	128.0	0.43	2.41	1.067	94
工农兵闸	561.1	146.9	0.50	3.82	0.093	1 075
东子牙	330.5	124.3	0.47	2.66	0.875	114
坝台	337.7	129.6	0.45	2.61	0.789	127

站名	最大值（mm）	均值（mm）	C_v	模比系数	对应频率	重现期（年）
第六堡	299.7	137.2	0.44	2.18	2.183	46
杨柳青	391.2	139.9	0.49	2.80	0.784	128
大庄子	279.0	134.7	0.49	2.07	3.988	25
九宣闸	320.0	136.7	0.46	2.34	1.727	58
马圈闸	317.1	130.5	0.48	2.43	1.655	60
万家码头	366.3	140.2	0.41	2.61	0.458	218
小站	407.0	138.6	0.41	2.94	0.168	595
蔡公庄	269.0	137.7	0.44	1.95	3.971	25
大丰堆	418.2	133.3	0.48	3.14	0.317	315
静海	367.4	142.3	0.44	2.58	0.756	132
调节闸	391.2	139.9	0.49	2.80	0.784	128

2）频率适线

采用的频率分布曲线的线型为皮尔逊-Ⅲ型，参数计算采用计算机软件约束准则适线和目估适线相结合，由目估适线直接调用约束准则适线的参数。

根据降水历时越长降水强度越小的特点，此次修编采用纵向分布约束适线，即将同一监测站不同历时暴雨频率曲线点绘在一张图内，通过适线调整，控制曲线无交叉现象。各站暴雨频率适线结果见图 4-57 至图 4-119。

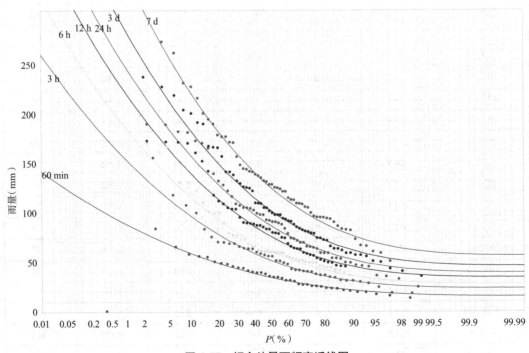

图 4-57　坝台站暴雨频率适线图

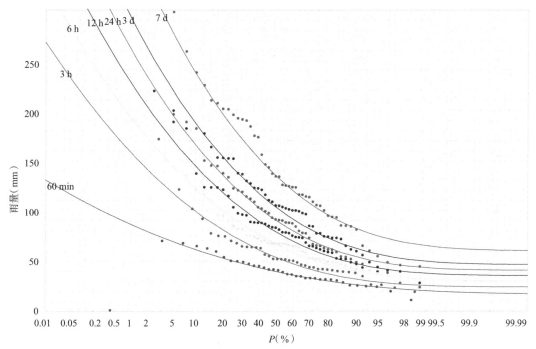

图 4-58　板桥站暴雨频率适线图

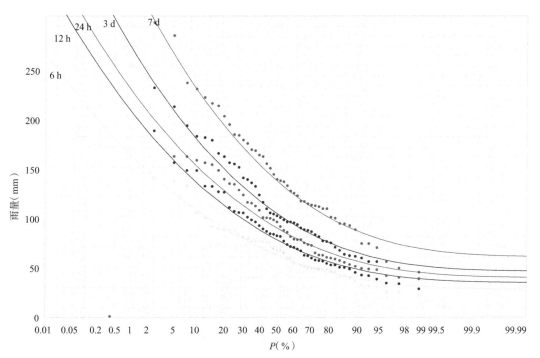

图 4-59　邦均站暴雨频率适线图

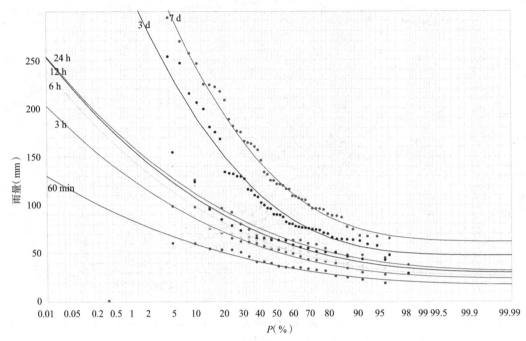

图 4-60　宝坻站暴雨频率适线图

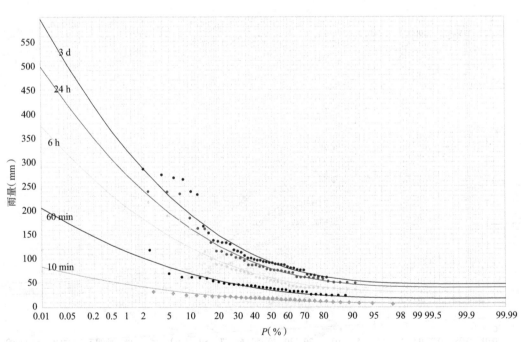

图 4-61　北昌站暴雨频率适线图

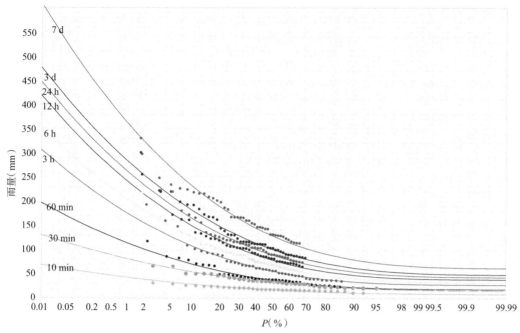

图 4-62　北里自沽站暴雨频率适线图

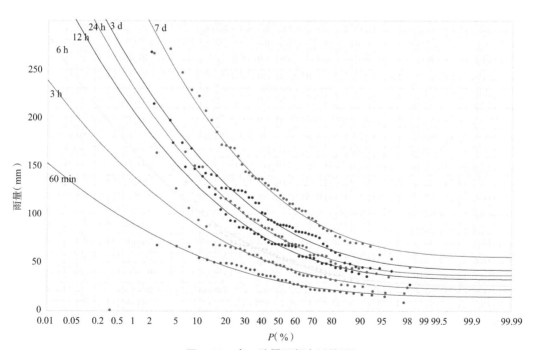

图 4-63　表口站暴雨频率适线图

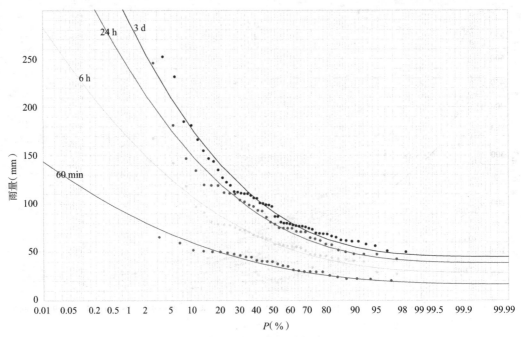

图 4-64　别古庄站暴雨频率适线图

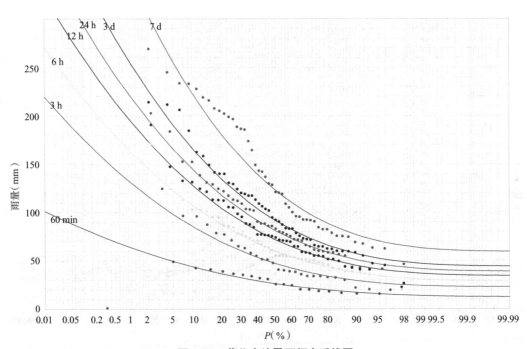

图 4-65　蔡公庄站暴雨频率适线图

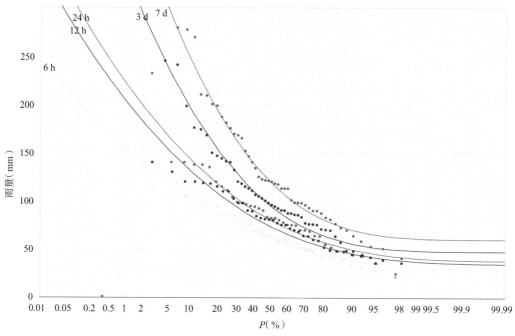

图 4-66 蔡家堡站暴雨频率适线图

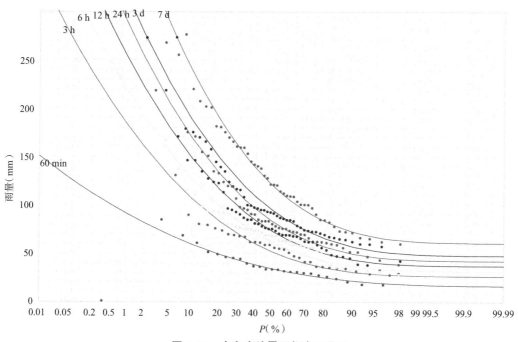

图 4-67 大白庄站暴雨频率适线图

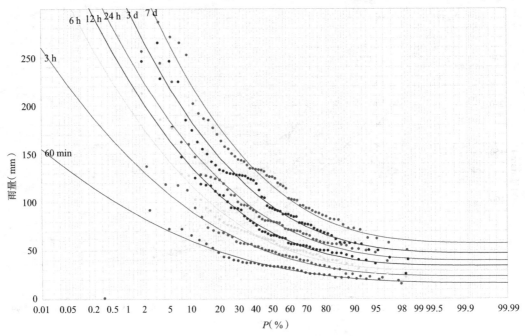

图 4-68　大丰堆站暴雨频率适线图

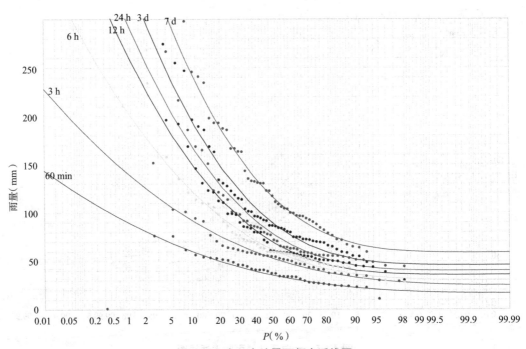

图 4-69　大口屯站暴雨频率适线图

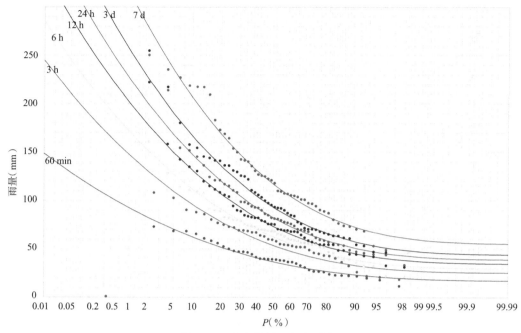

图 4-70　大寺站暴雨频率适线图

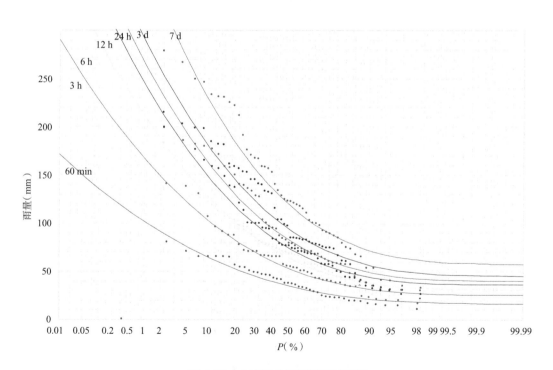

图 4-71　大庄子站暴雨频率适线图

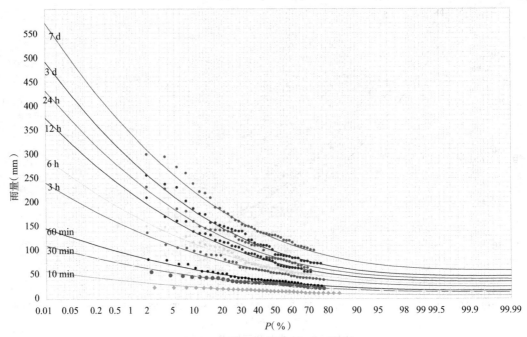

图 4-72　第六堡站暴雨频率适线图

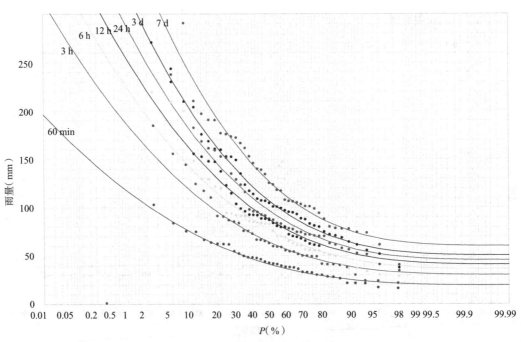

图 4-73　调节闸站暴雨频率适线图

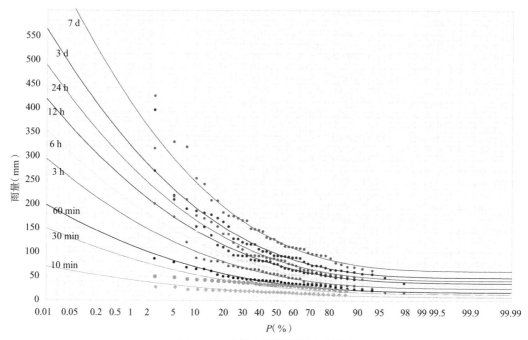

图 4-74　东堤头站暴雨频率适线图

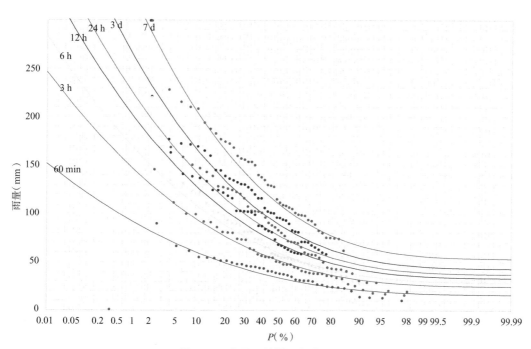

图 4-75　东子牙站暴雨频率适线图

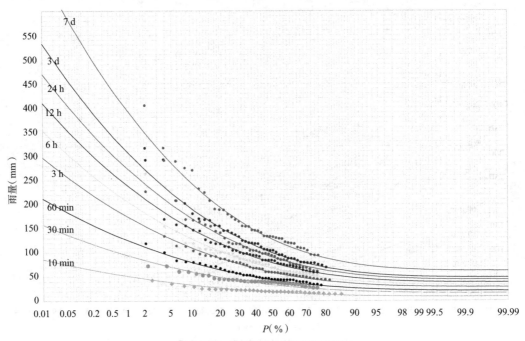

图 4-76 耳闸站暴雨频率适线图

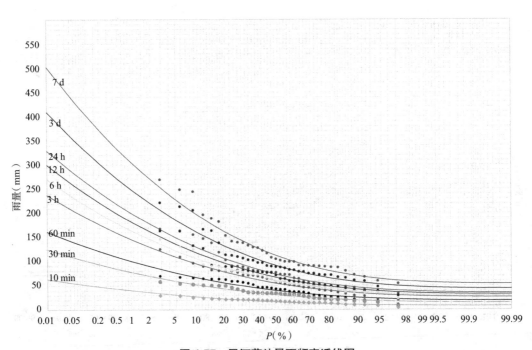

图 4-77 凤河营站暴雨频率适线图

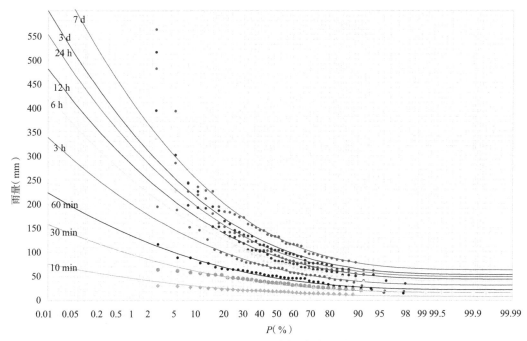

图 4-78　工农兵闸站暴雨频率适线图

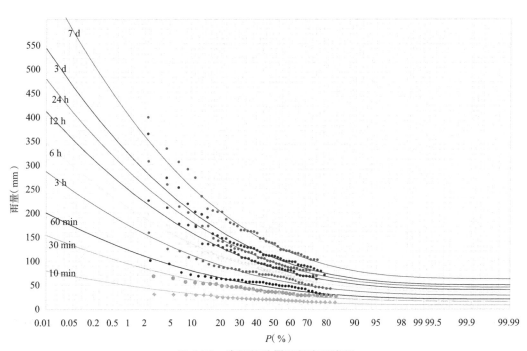

图 4-79　海河闸站暴雨频率适线图

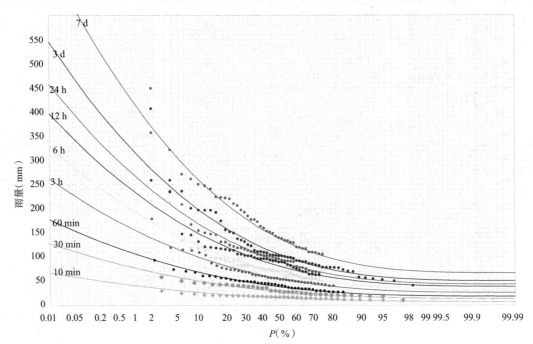

图 4-80　海子水库站暴雨频率适线图

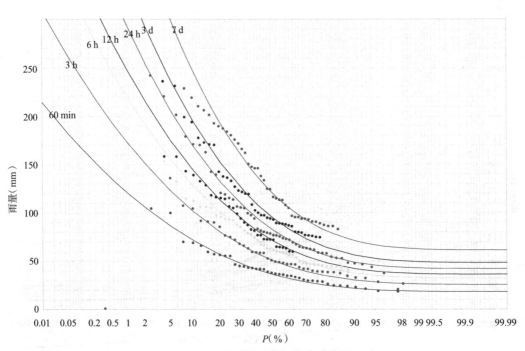

图 4-81　黑狼口站暴雨频率适线图

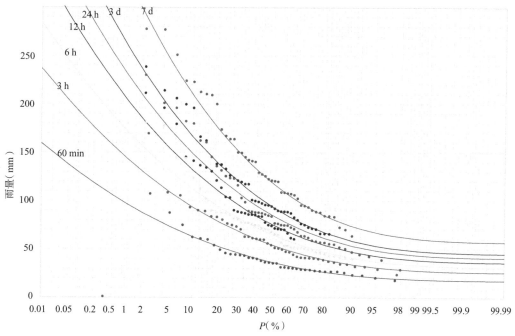

图 4-82   黄花店站暴雨频率适线图

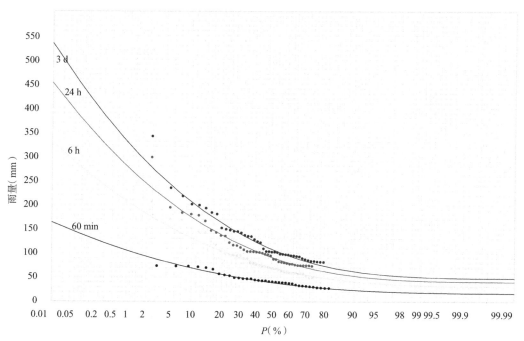

图 4-83   黄骅站暴雨频率适线图

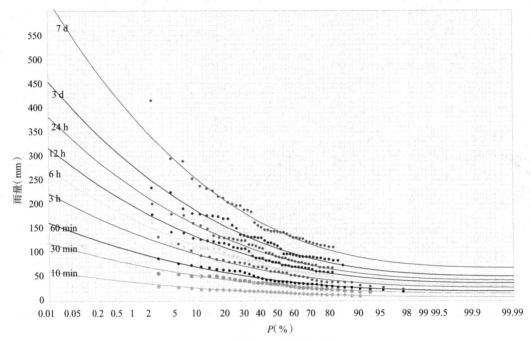

图 4-84　黄崖关站暴雨频率适线图

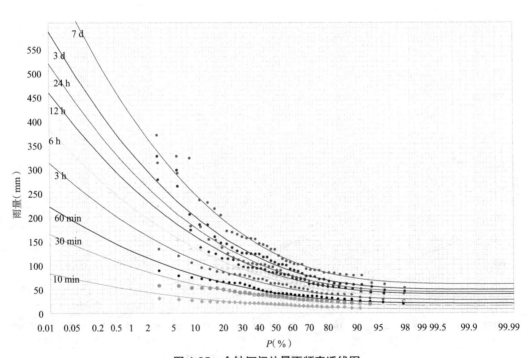

图 4-85　金钟河闸站暴雨频率适线图

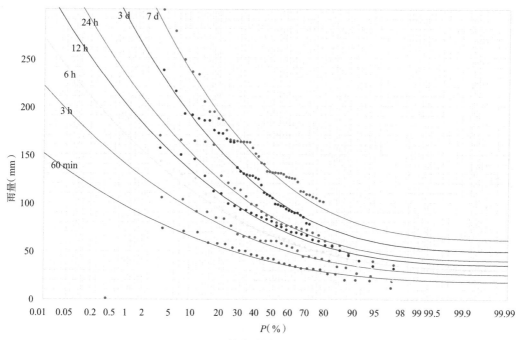

图 4-86　静海站暴雨频率适线图

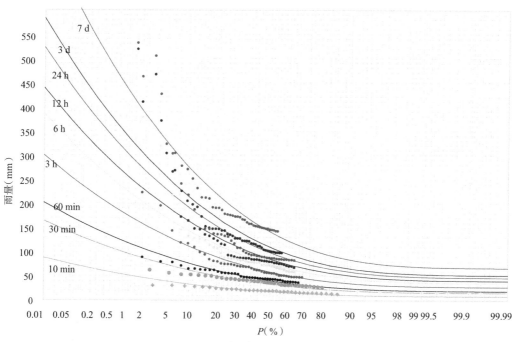

图 4-87　九王庄站暴雨频率适线图

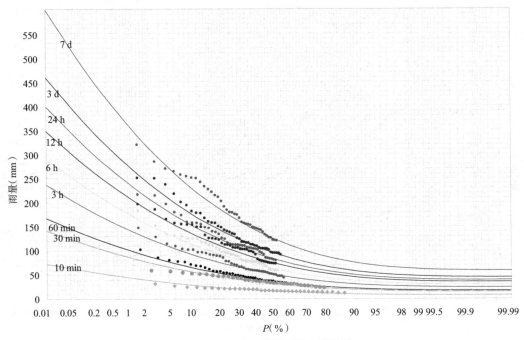

图 4-88　九宣闸站暴雨频率适线图

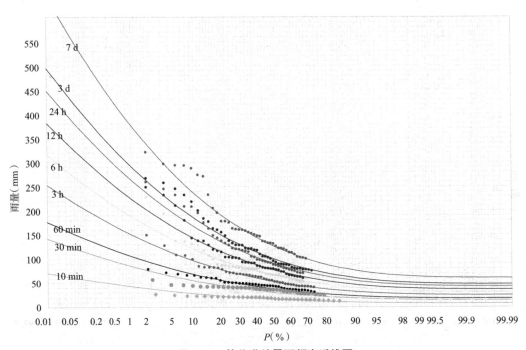

图 4-89　筐儿港站暴雨频率适线图

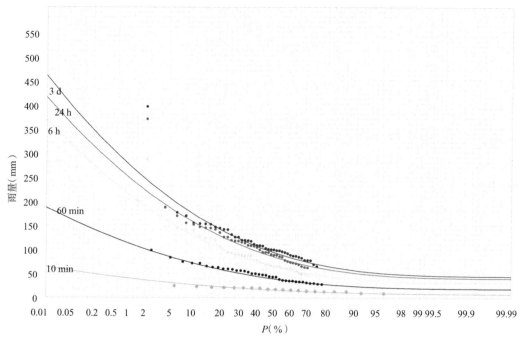

图 4-90   李村站暴雨频率适线图

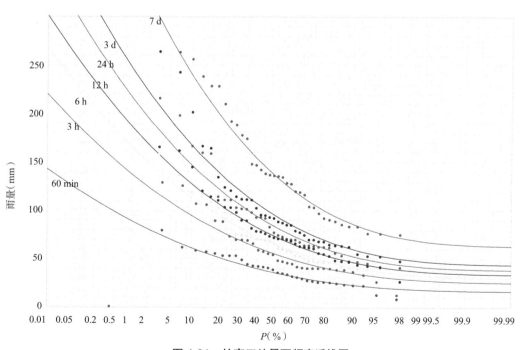

图 4-91   林亭口站暴雨频率适线图

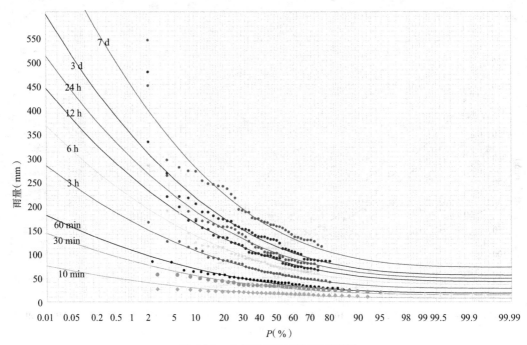

图 4-92　龙门口站暴雨频率适线图

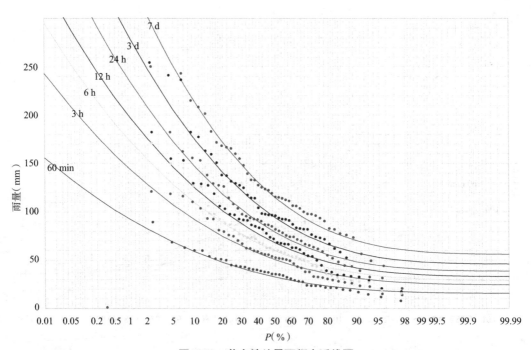

图 4-93　芦台镇站暴雨频率适线图

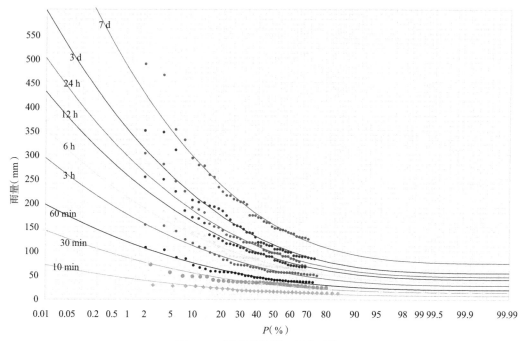

图 4-94 罗庄子站暴雨频率适线图

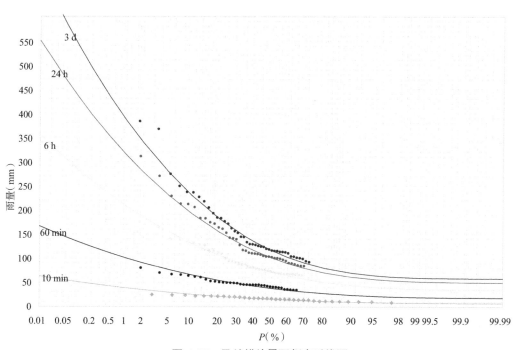

图 4-95 马兰峪站暴雨频率适线图

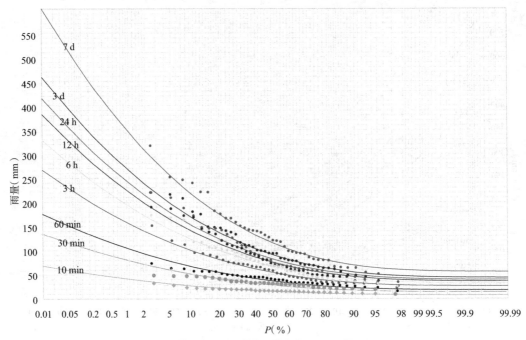

图 4-96　马圈闸站暴雨频率适线图

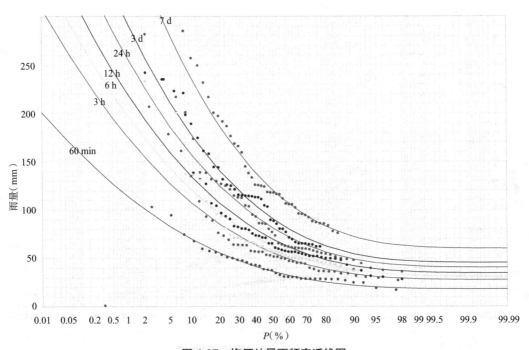

图 4-97　梅厂站暴雨频率适线图

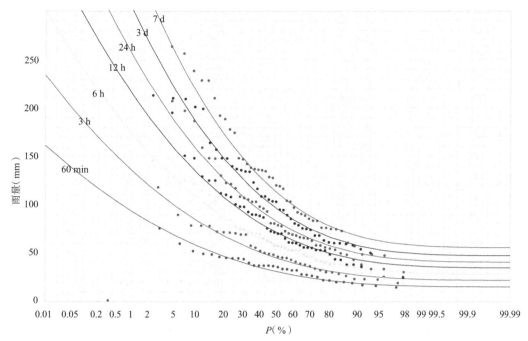

图 4-98　南山岭站暴雨频率适线图

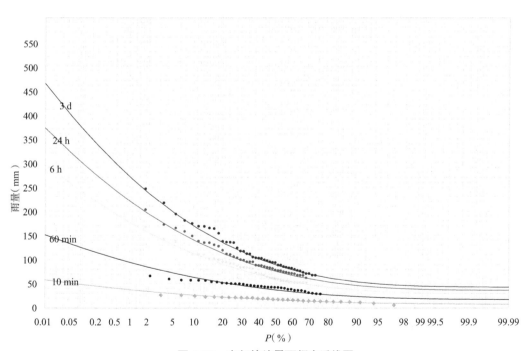

图 4-99　南赵扶站暴雨频率适线图

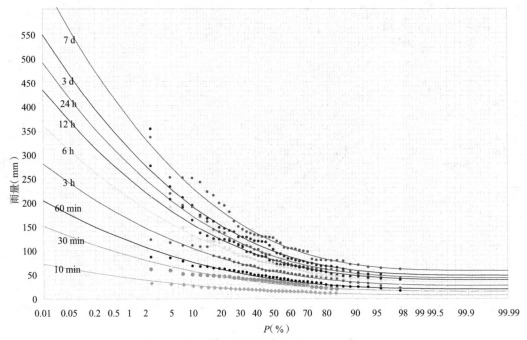

图 4-100　宁车沽站暴雨频率适线图

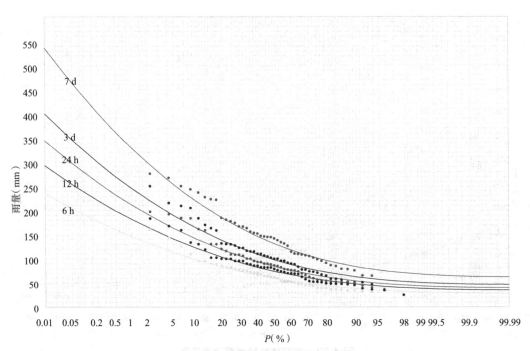

图 4-101　盘山站暴雨频率适线图

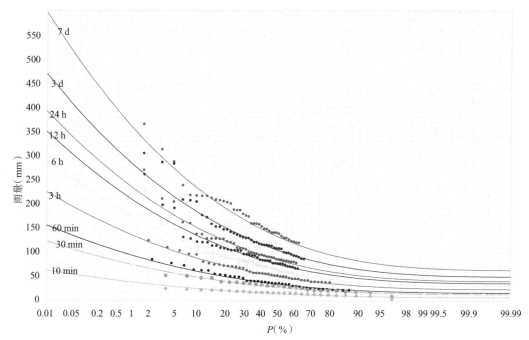

图 4-102　平谷站暴雨频率适线图

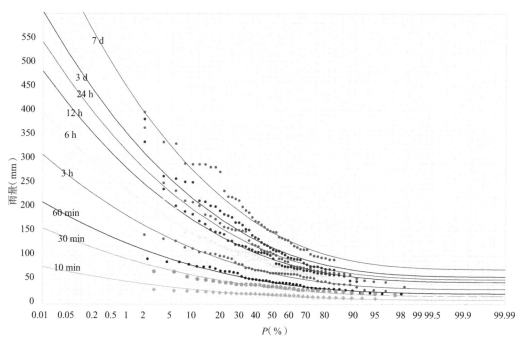

图 4-103　前毛庄站暴雨频率适线图

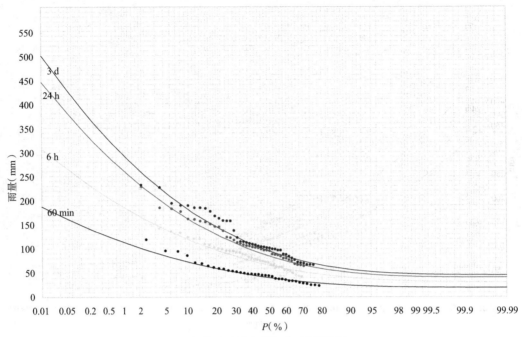

图 4-104　青县暴雨频率适线图

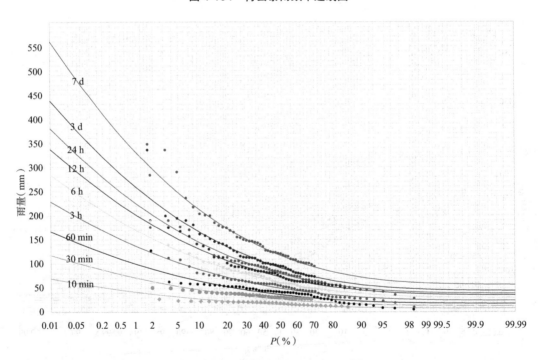

图 4-105　屈家店站暴雨频率适线图

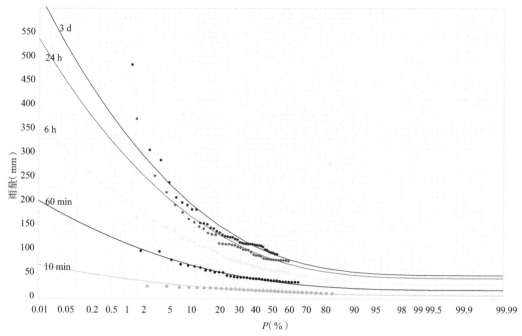

图 4-106　三河站暴雨频率适线图

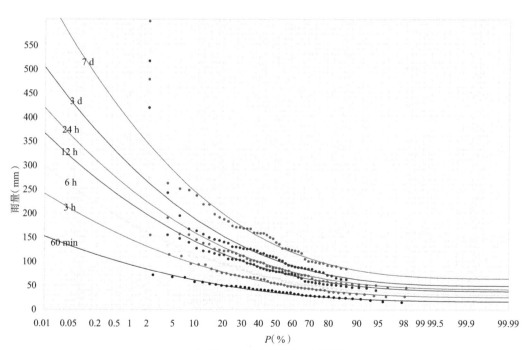

图 4-107　上仓站暴雨频率适线图

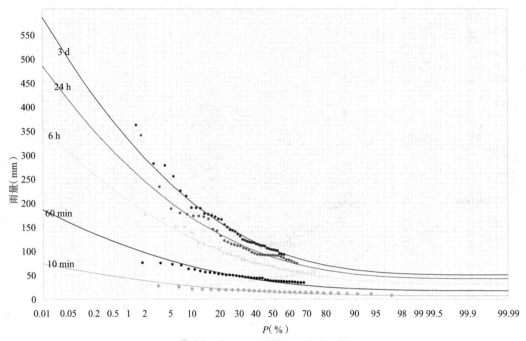

图 4-108　土门楼站暴雨频率适线图

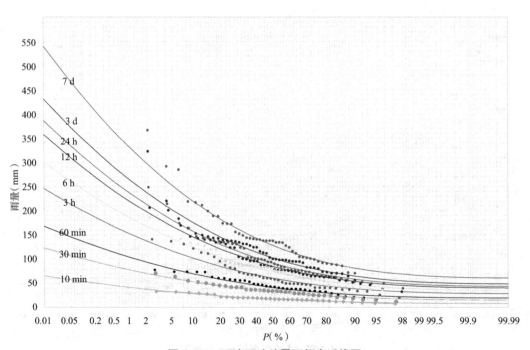

图 4-109　万家码头站暴雨频率适线图

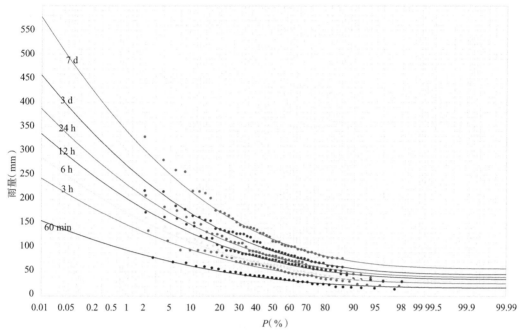

图 4-110　王庆坨站暴雨频率适线图

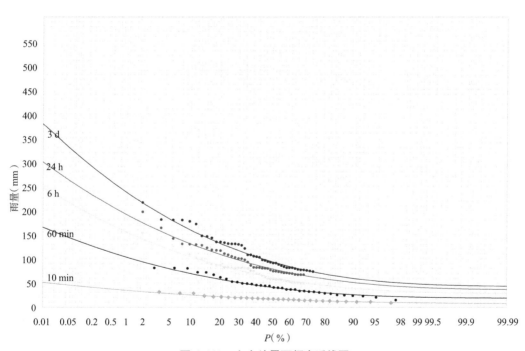

图 4-111　文安站暴雨频率适线图

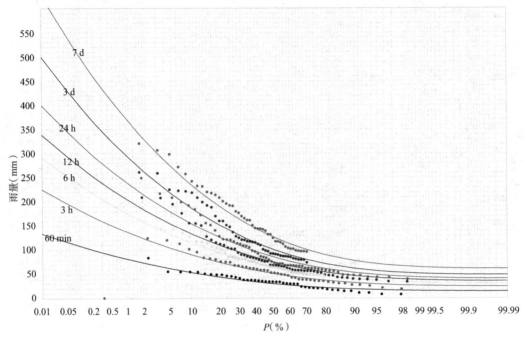

图 4-112　武清站暴雨频率适线图

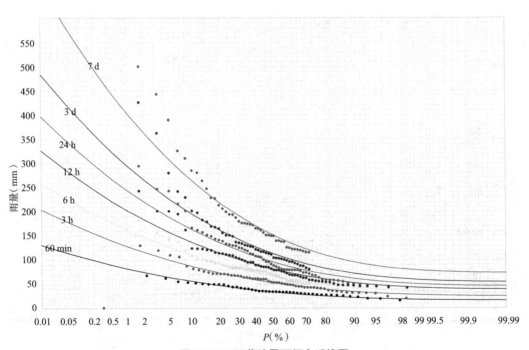

图 4-113　下营站暴雨频率适线图

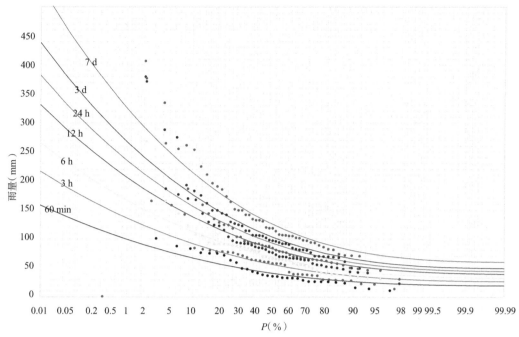

图 4-114　小站站暴雨频率适线图

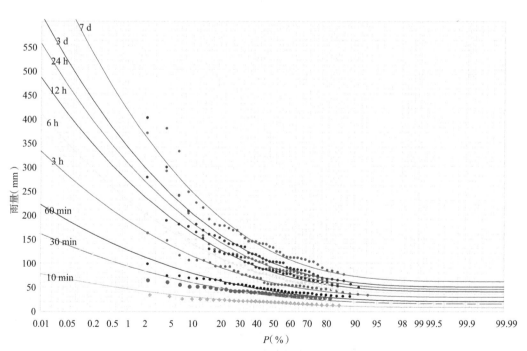

图 4-115　新防潮闸站暴雨频率适线图

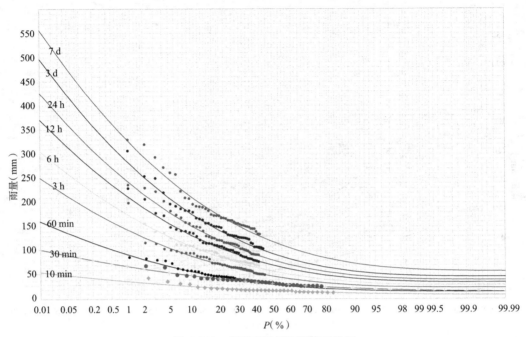

图 4-116 杨柳青站暴雨频率适线图

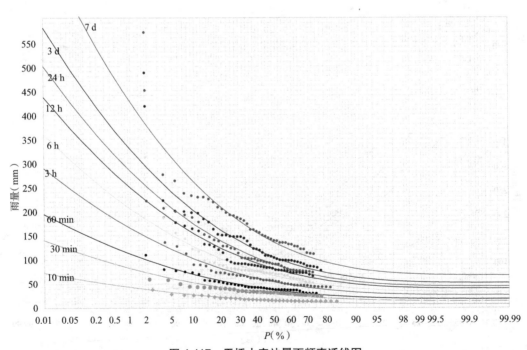

图 4-117 于桥水库站暴雨频率适线图

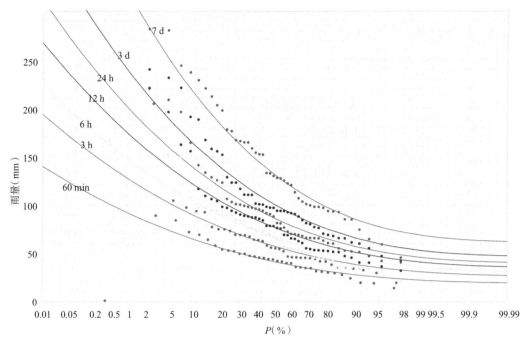

图 4-118　张彪庄站暴雨频率适线图

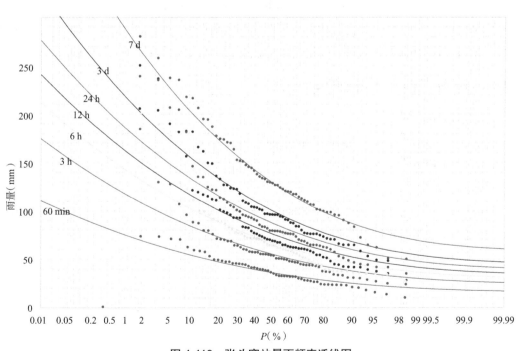

图 4-119　张头窝站暴雨频率适线图

4.7.2.3　计算成果

各时段频率计算成果见表 4-49。

表 4-49　各时段频率计算结果统计

参数		10 min	30 min	60 min	3 h	6 h	12 h	24 h	3 d	7 d
均值	最大	20.1	37.0	51.1	73.5	92.2	104.6	117.6	136.6	173.6
	最小	16.3	29.0	28.5	50.9	61.8	69.2	73.3	98.7	123.8
	平均	17.7	33.7	41.0	59.9	72.9	85.3	96.1	111.0	141.3
C_v	最大	0.50	0.49	0.52	0.55	0.55	0.58	0.58	0.59	0.56
	最小	0.31	0.32	0.31	0.32	0.32	0.32	0.32	0.33	0.34
	平均	0.42	0.43	0.43	0.45	0.46	0.46	0.47	0.47	0.47

4.7.3　等值线图绘制

鉴于气象因子受下垫面作用产生暴雨的条件,以及各站点极大值分布的基本规律,在绘制等值线图时,将地面高程图和分时段系列极大值分布图作为线型趋势的参考,将 1998 年版等值线图和河北省、北京市新版初绘成果图作为大范围线型走向的依据,将各站点计算数据和外省、市邻界点数据作为确定线型走向的根据,绘制出各时段 $\overline{H}$、C_v 参数等值线图。

4.7.4　暴雨点面关系的确定

1)暴雨分区

将天津界内划分为山区、津北平原、津南平原。山区以于桥水库为中心,选取 6 个水文站;津北平原以黑狼口为中心,选取 7 个水文站;津南平原以静海为中心,选取 6 个水文站。

2)时段及范围选择

选取最大 1、3、6、12、24 h 共 5 个时段作为点面关系计算时段。计算范围确定为 300、500、700、1 000 km²。计算范围及各站点位置,如图 4-120 所示。

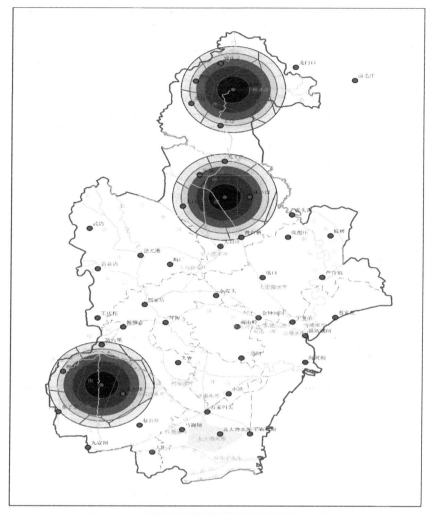

图 4-120　暴雨点面关系计算范围及各站点位置图

3）点面折算系数推求

鉴于定点定面关系和动点动面关系各有优缺点,本研究提出改进的动点动面关系,即动点定面关系作为暴雨点面折算系数计算的依据。

（1）搜集区域内所有站点各计算时段的年最大雨量以及发生时间。

（2）按照区域内各站点在各计算时段年最大雨量的发生时间,统计其他站点雨量,并采用面积加权法计算相应面雨量。

（3）选用各时段面雨量最大值作为区域年最大面雨量,形成面雨量系列。

（4）选用各时段最大面雨量对应的点雨量作为区域点雨量,形成点雨量系列。

（5）将区域面雨量系列平均值与相应点雨量系列均值进行比较,作为该区域本时段的暴雨点面折算系数,各区域暴雨点面折算系数,如图 4-121 至图 4-123 所示。

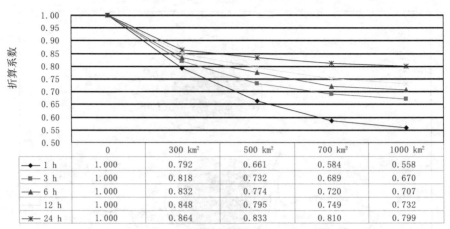

	0	300 km²	500 km²	700 km²	1000 km²
◆ 1 h	1.000	0.792	0.661	0.584	0.558
■ 3 h	1.000	0.818	0.732	0.689	0.670
▲ 6 h	1.000	0.832	0.774	0.720	0.707
12 h	1.000	0.848	0.795	0.749	0.732
✳ 24 h	1.000	0.864	0.833	0.810	0.799

图 4-121   天津山区暴雨点面折算系数

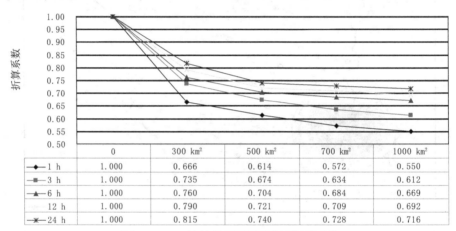

	0	300 km²	500 km²	700 km²	1000 km²
◆ 1 h	1.000	0.666	0.614	0.572	0.550
■ 3 h	1.000	0.735	0.674	0.634	0.612
▲ 6 h	1.000	0.760	0.704	0.684	0.669
12 h	1.000	0.790	0.721	0.709	0.692
✳ 24 h	1.000	0.815	0.740	0.728	0.716

图 4-122   天津津北平原暴雨点面折算系数

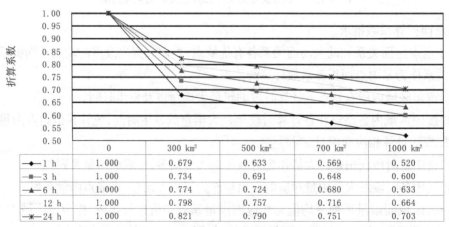

	0	300 km²	500 km²	700 km²	1000 km²
◆ 1 h	1.000	0.679	0.633	0.569	0.520
■ 3 h	1.000	0.734	0.691	0.648	0.600
▲ 6 h	1.000	0.774	0.724	0.680	0.633
12 h	1.000	0.798	0.757	0.716	0.664
✳ 24 h	1.000	0.821	0.790	0.751	0.703

图 4-123   天津津南平原暴雨点面折算系数

4.8　小结

暴雨强度公式是设计城市排水管渠的重要基础公式,是计算暴雨地面径流和确定工程设计流量的重要依据,其正确性直接关系到城市基础设施建设的科学性。暴雨图集是无资料地区设计洪水计算的重要依据,其精度直接关系到设计洪水的精度。此次研究开发天津市短历时暴雨强度公式及暴雨图集,获得以下结论和建议。

（1）城市暴雨资料的选样方法。雨样的选择方法非常重要,因为它直接关系到所选雨样能否客观反映现代城市排水设计重现期范围内的暴雨雨样统计规律,从而为精确编制或修改暴雨强度公式提供具有代表性和可靠性的统计基础资料。若资料年限较长（20 年以上）且城市排水设计重现期在 1 年以上的,建议采用年最大值选样,该法不仅选样简单,资料易得,而且精度也有保证。

（2）频率分布适线方法。目前天津水文系统用主要采用皮尔逊 - Ⅲ 目估适线法估算参数。这种方法的经验性强,适线灵活,不受频率曲线线型的限制,适线时可以照顾重要的点（如特大值点和精度较高的点）,便于水文工作人员把自己的经验和频率分析结合起来;但其缺点也是明显的,其适线成果往往因人而异,任意性较大。此次研究采用纵向分布约束适线法,即以暴雨强度公式的计算精度作为适线参数的修正和约束,根据《室外排水设计规范》,暴雨强度抽样拟合误差公式精度以平均绝对均方差控制,平均绝对均方差不大于 0.05 mm/min,在高重现期暴雨强度较大的地方,平均相对均方差不大于 5%。

（3）分区编制了天津市暴雨强度公式。给出了中心城区、滨海区、平原区和山区的暴雨强度公式,并与原暴雨强度公式进行比较。通过比较发现,对暴雨系列进行延长能较好地反映区域的暴雨特性;年多个样法结果均大于年最大值法,这和年多个样法的选样方式有关,其选取大值样本舍去小值样本,会造成计算结果偏大。

（4）年最大值法选样的缺点是不能设计 1 年及以下暴雨强度。本研究采用一年多遇的资料系列,通过皮尔逊 - Ⅲ 型频率适线,分析出 $P=99.99\%$ 的设计值作为一年多遇的设计值。即通过年次大系列分析一年 2 遇、通过年第 3 大系列分析一年 3 遇、年第 4 大系列分析一年 4 遇统计特征,分别取 $P=99.99\%$ 的设计值作为一年多遇的设计值。

（5）本次研究采用 Pilgrim-Cordery 法第四暴雨时程分析。推求中心城区、滨海区、平原区、山区 4 个分区 60、120、180 min 3 个时段短历时的雨型;采用同频率法推求 24 h 的设计雨型。Pilgrim-Cordery 法推求的雨型能够反映对应短历时时段实际的降雨情况,可供设计校核过程和风险评价中作情景分析。同频率法选取降雨样本全面,推求的设计暴雨雨型具有在雨峰各时段的平均雨强与暴雨公式计算的平均雨强相等的特性,可方便应用于城市排水系统的管道设计。

（6）编制了天津市暴雨图集。在有资料地区进行设计暴雨计算时,可与天津市暴雨强度公式互为验证;在无资料地区进行设计洪水计算时,可以采用暴雨图集。

第 5 章　结论

5.1　有限元控制的分布式水文模型

　　有限元控制的分布式水文模型是处理水文条件非线性的有效方法,是受人类活动影响地区水文预报的有效途径。本课题提出的基于有限元的分布式水文模型,从水文条件的线性尺度出发,通过流域下垫面属性控制产流非线性;通过河道汇流节点,控制河网汇流的非线性;通过降水站密度控制降水空间分布的非线性,有效控制流域水文条件的非线性特征;通过变动有限元控制人类活动对流域水文规律的影响;该方法是受人类活动影响较大地区水文预报的有效方法和途径。

　　本课题提出的有限元控制的分布式水文模型应用于于桥水库流域,采用流域历史资料对模型参数进行率定,并与网格新安江模型、CASC2D 模型进行比较,采用有限元控制的分布式模型研制洪水预报方案,建立了实时洪水预报系统,采用实时降雨或气象部门的预报数据进行水文预报作业,预报全流域暴雨之后的入库水量、洪峰水位、洪峰流量及峰现时间,经过 2012—2015 年的应用,效果良好,可用于桥水库水文实时预报,为防汛调度提供依据。

　　开发了基于有限元与变动有限元划分流域单元的技术。采用该技术构建的有限元分布式水文模型,能有效考虑降雨空间分布、流域产流与汇流的非线性以及人类活动的影响,为解决流域降雨径流形成过程中的非线性问题提供了重要工具和方法。有限元参数有明确的物理意义,根据实验结果可以确定不同下垫面属性的模型参数,可避免模型参数率定过程中"异参同效"现象的发生。实时预报系统可以基于流域实时的雨量控制密度、下垫面变化情况,通过变动控制开关整流域计算单元进行预报作业,简单方便且更加契合实际,预报精度高,实用性强。

　　变动有限元控制的分布式水文模型为人类活动影响下半湿润、半干旱地区的水文预报提供了实用途径,研究成果对我国北方地区具有重要借鉴意义。在以后的研究中,建议对具有不同下垫面特性的小流域开展实验研究,以确定不同有限元内的模型参数,使得参数具有较为明确的物理意义,避免"异参同效"现象的发生,提高预报结果的确定性。在实际应用时,需要较为详细的流域下垫面特征空间分布信息,模型结构与参数的适用性尚需应用到更多流域来验证。随着流域地形地貌、土壤、植被等下垫面特征空间分布观测信息日益丰富,流域水文实验资料逐渐完善,有限元分布式水文模型有着更为广泛的应用前景。

5.2　中值径流水文计算法

　　中值径流水文计算法为受人类活动影响条件下的水文计算提供了有效的方法。本课题

提出的降水 - 中值径流关系法用于受人类活动影响流域的流域出口径流特征计算,理论基础严谨,操作方便实用,准确性高。提出的用于径流还原计算的降水 - 径流双累积曲线法和中值径流法优于水量平衡还原计算法,结果合理可靠,操作方便。

采用降水 - 径流双累积曲线识别于桥水库入库、响水堡、三道营、紫荆关、西大洋水库以及王快水库等断面以上流域受人类活动的影响情况,发现海河流域下垫面的变化明显,可把历史资料划分为不同的时期。采用中值径流法对海河入海、于桥水库入库的径流量进行还原计算;采用中值径流法对响水堡、三道营、紫荆关、西大洋水库以及王快水库的年径流量系列特征值进行计算,将计算结果与水量还原法进行比较,两者成果接近。开展径流还原计算能更为客观地反映海河流域的河流健康程度,为河流健康评估与合理开发提供技术支撑,对实现水资源的可持续开发具有重要意义。

提出了基于水量平衡原理与概率分析双累积曲线的理论基础,以及采用双累积曲线识别人类活动影响的方法。中值径流法是本课题提出的径流还原计算新方法,该方法具有较强的理论基础。发现不同量级降水的径流量出现概率符合正态分布,最适宜与最不适宜产生径流的情况出现的概率均较小,中态分布的降水及其对应的中值径流出现的概率最大且在降水径流系统的中心。当流域下垫面改变后,系统会发生偏移,系统中心的偏移量即是人类活动对径流的改变量。

在资料难以调查、受人类活动影响较大的流域,采用降水 - 径流双累积曲线法识别人类活动影响,采用中值进行径流还原计算,计算结果准确,为高强度人类干扰条件下的径流还原提供了重要技术支撑。

5.3　天津市城市暴雨强度公式与天津市暴雨图集

本课题研制的天津市城市暴雨强度公式与天津市暴雨图集具有可靠性和实用性,提出并采用的计算方法,理论正确,操作方便可靠。分别采用年最大值法和年多个样法对天津市暴雨资料进行选样,采用纵向分布约束适线法进行频率分布适线,对 20 世纪 80 年代初由天津市排水管理处编制的公式进行修订并与之比较,给出了天津中心城区、滨海区、平原区和山区的暴雨强度总公式,并针对暴雨对年最大、第 2 大、第 3 大频率分布之间的关系进行深入评述。本课题提出的纵向约束适线法,可以分阶段率定暴雨公式参数,能有效避免"异参同效"现象,增强结果的确定性;采用的年多个样法及分析成果对城市暴雨设计具有重要指导意义。

采用 Pilgrim & Cordery 法推求天津中心城区、滨海、平原区、山区 4 个分区,60、120、180 min 共 3 个时段短历时的雨型;采用同频率法推求 24 h 的设计雨型。选用天津市及周边降水资料,对 1999 年编制的《天津市设计暴雨图集》进行修订,采用动点定面关系作为暴雨点面折算系数计算的依据,给出了 10 min、30 min、60 min、3 h、6 h、12 h、24 h、3 d、7 d 共 9 种历时的暴雨参数等值线图。将修订后的暴雨强度公式与暴雨图集结合,应用时互为验证,可减少误差。动点定面关系具有较强的物理基础且计算方便,结果可靠,建议在面积较大的区域推广使用。

　　天津市城市暴雨强度公式能够反映天津市不同城区的暴雨变化特点,可为天津市城市雨水排水系统规划与设计提供重要依据,对于保障人民的生活和财产安全具有重要意义。天津市暴雨图集是城市防洪与排涝等工程规划、设计的重要水文依据,具有广泛的应用价值。